大人の自由時間 mini

コケを見に行こう!

森の中にひっそり息づく緑のじゅうたん

左古文男 著
樋口正信 監修

技術評論社

はじめに

私たちの周りには、見ようと意識しないと見えないものがあります。たとえば通い慣れた通勤路や散歩道で目にする景色の中にも、意外と見えていないものがあります。コケもそのひとつではないでしょうか。

ふだんは気にも留めないコケは、雨上がりの日には緑の葉末が美しく、その存在に気づかされることがあります。私がコケの存在を意識し、趣味のひとつとして「コケ見」を始めたのはかれこれ20年ほど前のことです。ある日、原稿執筆に倦んだ私は、気分転換のために散歩に出かけました。ちょうど雨上がりで、仕事場近くの道端で青々としているコケが目に留まりました。それまではそこにコケが生えていることすら知らなかったのですが、まるで日常生活の中で認識の外に置き、見ようとしていないことに異議申し立てをしているようにも見えて、あらためて小さなコケも街の景観を構成しているディテールなのだと気づかされたのでした。

不思議なもので一度意識すると、いたるところでコケが目に留まるようになり、見つけたコケの名前や特徴などが気になり始めました。そして、図鑑をひもとくようになり、コケの生育している環境や生態、形状などを覚えると、コケの種類の区別が少しはつくようになりました。そうすると、仕事場の近所だけではあきたらず、暇を見つけては古寺のコケ庭を訪ねたり、森の中を歩くようになり、コケの優雅な佇まいにますます魅了されるようになったのです。

コケ見のいいところは、時間さえあれば、誰もが気軽に始められる点です。お金をかけて遠くへ行かなくても、近所のコンクリートの道端や側溝、ブロック塀などにもコケは生えています。もちろん山野に分け入れば、より多くのコケに出会えます。都会のコンクリート上から深山幽谷の岩上や林床、倒木や切り株の上、樹皮……と生育する場所はさまざまですが、コケには環境への見事な適応能力があり、彼らは自らが選んだ場所に君臨しています。生育基物（生えている物や場所）が変われば、そこに自生しているコケの種類も変わります。たとえば都会のコンクリートに生えているコケと、森の中の林床に生えているコケは種類が違います。また、同じ森の中でも、樹皮に生えているものと、岩上に生えているものは、やはり違う種類です。いろいろな場所でコケを観察し、コケの分布を知ることもコケ見の楽しみのひとつです。

本書はコケ見を始めたいと思っている皆様に、コケの基本情報や生態、コケ見のスポットを紹介するものです。世田谷区にある等々力渓谷や古都鎌倉、北八ヶ岳、屋久島などと、バラエティーに富んだコケ見スポットと、そこに生育しているコケ情報を案内してあります。興味を持ったなら、ぜひ、本書とルーペを携えて訪ねてみてください。コケの中には肉眼で識別できるものもありますが、ルーペを使うことで識別できる種類は格段に多くなります。一言でコケといっても国内には約１８００種が報告されています。それぞれに名前があり、異なった種類なのだということを知ると、漫然と眺めていたコケのある景色がそれまでとは違って、豊かで美しい世界に見えてくるはずです。本書が「コケ見」を始めようとする方々への水先案内になることができれば幸いです。

最後になりましたが、本書の監修をしてくださった国立科学博物館植物研究部グループ長であり日本蘚苔類学会前会長の樋口正信さん、屋久島のコケの同定をしてくださったＹＮＡＣのガイドスタッフで屋久島の植物相に精通している小原比呂志さん、コケリウムの作り方を指導してくださった木村日出資さん、そして、幽玄な景色から極小の世界で生きるコケの構造の美しさにいたるまで、素晴らしい写真を撮影してくれた古い友人の写真家・小島真也さんに深く感謝申し上げます。

左古文男

はじめに　002

コケを知る　008

コケとコケ植物……010
コケの体のつくり……012
コケの分類……014
コケではないコケ……016
本書の用語解説……018

コケを見に行こう　022

コケ観察の七つ道具……024
身近なコケ（ハマキゴケ　ハリガネゴケ　ギンゴケ）……026

等々力渓谷公園のコケ　028

サヤゴケ　ツクシナギゴケ……034-035
イワイトゴケ　ケゼニゴケ……036-037
イヌケゴケ　ヒロハヤツゴケ……038-039

鎌倉のコケ　040

鎌倉特有の谷戸に立つ古寺はコケ見のスポット……044

東慶寺　花の寺として有名な古寺は隠れたコケ見スポット……045
コツボゴケ　カタハマキゴケ……048–049
浄智寺　山門前の池に浮くコケ　ウキゴケ……050–051
杉本寺　鎌倉最古の寺院のコケの石段……052
ハイゴケ……055
報国寺　多くの種類が見られるコケ寺……056
コバノチョウチンゴケ　チヂミバコブゴケ……058–059
妙法寺　鎌倉のコケ寺と呼ばれる古寺……060
ホンモンジゴケ　ホソエヘチマゴケ……062–063

チャツボミゴケ公園のコケ　064

チャツボミゴケ……071

北八ヶ岳のコケ　072

北八ヶ岳苔の会と観察会……081
カギカモジゴケ　タカネカモジゴケ　ヨシナガムチゴケ　タマゴバムチゴケ……082–083
ミヤマチリメンゴケ　ダチョウゴケ　コバノスナゴケ……084–085

ウカミカマゴケ　クロゴケ　セイタカスギゴケ……086-087
コセイタカスギゴケ　エゾスギゴケ　フウリンゴケ……088-089
タチハイゴケ　オオフサゴケ　ムツデチョウチンゴケ……090-091
スジチョウチンゴケ　エゾチョウチンゴケ　ミヤマクサゴケ……092-093
キヒシャクゴケ　ヒカリゴケ……094-095
ホソバミズゴケ　ヒメミズゴケ　チシマシッポゴケ　ヒメハイゴケ……096-097

富士山のコケ 098

アオシノブゴケ　オオギボウシゴケモドキ……106-107
ナンブサナダゴケ　ハナシエボウシゴケ　イワダレゴケ……108-109
フトリュウビゴケ　フジノマンネングサ　フロウソウ……110-111
ジャゴケ　コフサゴケ　コクサゴケ……112-113
ユミゴケ　キヨスミイトゴケ……114-115
タマゴケ　トヤマシノブゴケ……116-117

屋久島のコケ 118

ガイドと歩く「コケさんぽ」……130

オオミズゴケ　ホウライスギゴケ……131
ホウオウゴケ　ヤクシマホウオウゴケ　ヤマトフデゴケ　ナガエノスナゴケ……132–133
アラハシラガゴケ　オオシラガゴケ　ケチョウチンゴケ　コチョウチンゴケ……134–135
ヒロハヒノキゴケ　ヒノキゴケ　キダチヒラゴケ　キリシマゴケ……136–137
スギバゴケ　フォーリースギバゴケ　アブラゴケ　クモノスゴケ……138–139
コムチゴケ　ヒメシノブゴケ　チャボヒシャクゴケ　オオウロコゴケ……140–141
ウツクシハネゴケ　コマチゴケ　エゾミズゼニゴケ　トサノゼニゴケ……142–143
ヤクシマミズゴケモドキ　ヒメミズゴケモドキ　オオサワラゴケ　タカサゴサガリゴケ……144–145
ヤクシマタチゴケ　ヤクシマゴケ……146–147

日本蘚苔類学会選定の「日本の貴重なコケの森」148

コケインテリアを楽しむ 152

コケリウムの容器……154
コケリウムの用土……155
コケリウムの作り方……156
索引……158

コケを知る

都会のコンクリートの隙間や寺院の庭、
そして、低地帯から高山帯に至るまで、
コケはさまざまな場所で観察できる。
体は緑色をしたものがほとんどだが、
中には赤紫色や褐色をしたものも稀にある。
果たしてコケとは
どんな生き物なのだろうか。

コケとコケ植物

コケはセン類・タイ類・ツノゴケ類に分けられる

地球の表皮と呼ばれるコケは、4億年前に海から陸へ上がった最初の植物の子孫で、世界中のさまざまな環境下で自生している。コケはもともと「木毛」や「小毛」と書き、木の幹や枝、地表や岩の上にはいつくばるように成長し、広がるような生き物を意味した。そのため、コケにはコケ植物に加えて、菌類と藻類の共生体である地衣類や、小形の維管束植物、藻類などが含まれる。

狭義のコケはコケ植物を指す。コケ植物とは、陸上植物かつ非維管束植物の総称で、コケ類や蘚苔《せんたい》類《るい》などとも呼ばれる。大きな群として、セン類・タイ類・ツノゴケ類の3つのグループに分けられ、本書ではこの3つのグループのことをコケと呼んでいる。

世界にはおよそ1万8000種のコケが知られていて、その内訳はセン類が1万3000種、タイ類が5000種、ツノゴケ類が150種である。そして、日本ではその1割に当たる1800種近くのコケが報告されている。

コケは光合成を行う原始的な陸上植物

植物には、植物体を支えるとともに地面から水を吸い上げるための根と、水や養分を体の隅々にまで行き渡らせるための維管束が必要不可欠である。しかし、コケは根も維管束ももたず、それゆえ原始的な植物といわれている。

コケは種子ではなく胞子で増える点ではシダやキノコに似ている。しかし、コケは葉緑体をもっていて、光合成を行う。したがってほかの生物に栄養を依存するキノコやカビの仲間とは栄養摂取の点で大きく異なっている。また、シダは一

富士山の『村山古道』。

般に、より大形で、体の中に維管束があることでコケとは区別される。

　コケは体を地面に支えるための仮根《かこん》と呼ばれる器官をもち、水分は体の表面から吸収する。緑色で体が小さいことは、池や川に生える藻類に似ているが、藻類の多くは体が単細胞か糸状の細胞でできていて、生殖器官も単細胞である。多細胞でできた生殖器官と受精卵が多細胞化した胚をもつコケとは異なっている。

　以上のことからコケとは、①光合成を行い、②胞子で増え、③維管束をもたない、④多細胞性の生殖器官と胚を持つ、藻類とシダの中間的な生き物ということになる。また、多くの種は耐乾性があり、乾燥時には外観が一変するのも特徴である。

コケの体のつくり

コケは陸上植物の中で最も簡単な体のつくりをしている。ふだん目にしているコケの体は配偶体である。

配偶体は茎と葉と仮根からなる茎葉体《けいようたい》と、茎と葉の区別がなく全体が平らな葉状で腹面に仮根が生えている葉状体の２つの体制に分けられる。

配偶体が茎葉体の例
（ムツデチョウチンゴケの雌植物）

胞子体
胞子をつくる部分で、おもに配偶体を連結する足と蒴柄、蒴からなる。

配偶体
茎葉体と葉状体の部分。

蒴《さく》
胞子体の先端にある膨らんだ部分。種類によって違いがあるが、この中に数十個から数百万個の胞子が詰まっている。胞子嚢（ほうしのう）とも呼ぶ。

蒴柄《さくへい》
蒴とともに胞子体を形成し、種類によって色や長さに違いがある。

足
配偶体の中に埋もれていて、外からは見えない。

葉
水分や栄養分を取り入れる。また、光合成によって有機物を作り出す。

茎
維管束はなく、種類によって上へのびるタイプと横へ這うタイプがある。

仮根
体を土や岩、木などに固定する糸状の構造で、水分を吸収することはない。

雄器托《ゆうきたく》
傘状になった構造で、精子を作る雄器床（ゆうきしょう）に柄がついたもの。ゼニゴケ目に見られる。
配偶体

［配偶体が葉状体の例］

（ゼニゴケの雄植物・上
ゼニゴケの雌植物・下）

雌器托《しきたく》
傘状になった構造で、卵を作る雌器床（しきしょう）に柄がついたもの。ゼニゴケ目に見られる。
仮根

※ゼニゴケは雌雄異株（しゆういしゅ）だが、同じゼニゴケ科のアカゼニゴケ属のアカゼニゴケ、ヤワラゼニゴケ科ヤワラゼニゴケ属のヤワラゼニゴケは雌雄同株で、コケの中には雌雄同株の種も多い。

コケの分類

コケはセン類・タイ類・ツノゴケ類の3つのグループに分けられる。それらの特徴をまとめると以下のようになる。

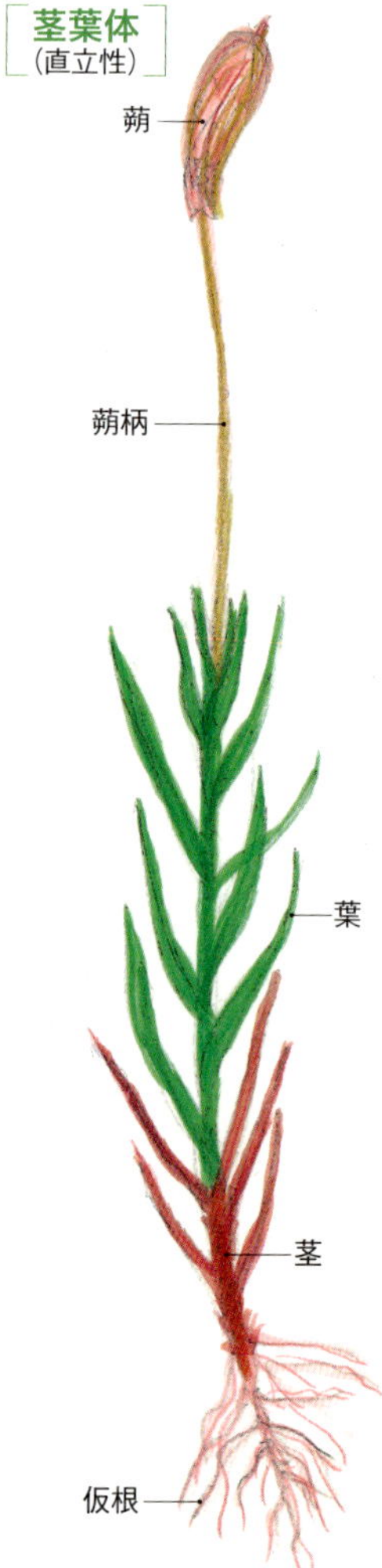

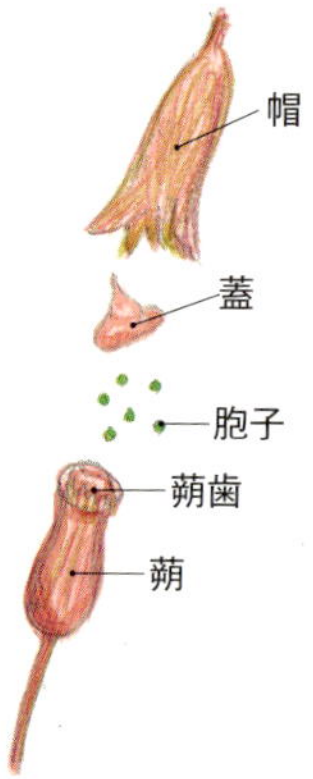

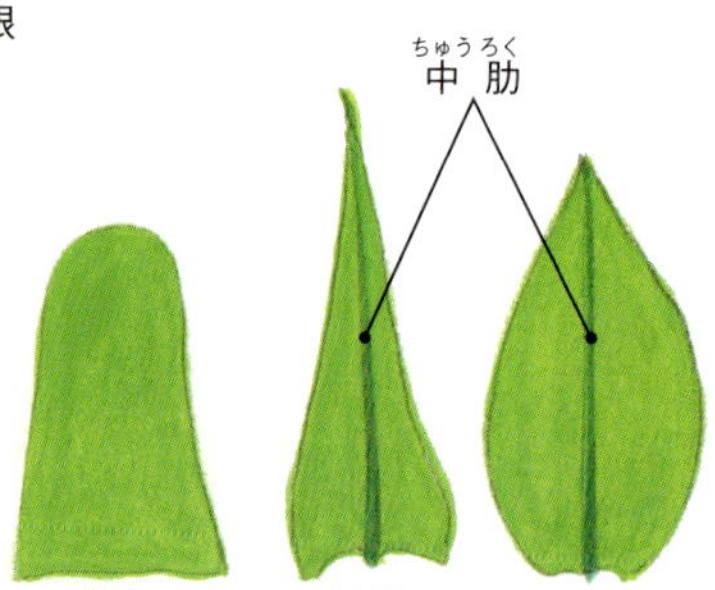

①セン類

植物体はすべて茎葉体で、茎が立ち上がる直立性のものと、這って分枝する匍匐性のものがある。蒴には蓋があり、これがはずれて中の胞子が散布される。弾糸はない。セン類の多くは葉に中肋と呼ばれる脈がある。

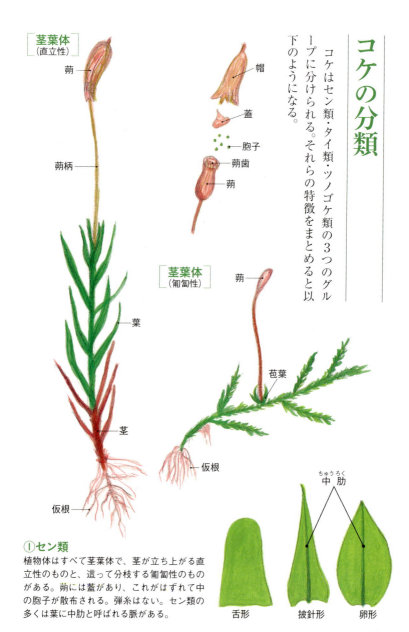

②タイ類

植物体には茎と葉の区別がない葉状体のものと茎葉体のものがあるが、どちらも平面的になる。蒴は先端から縦に4裂し、中の胞子と弾糸が散布される。胞子はすべて同時に成熟する。蒴の形は球形または円筒形。

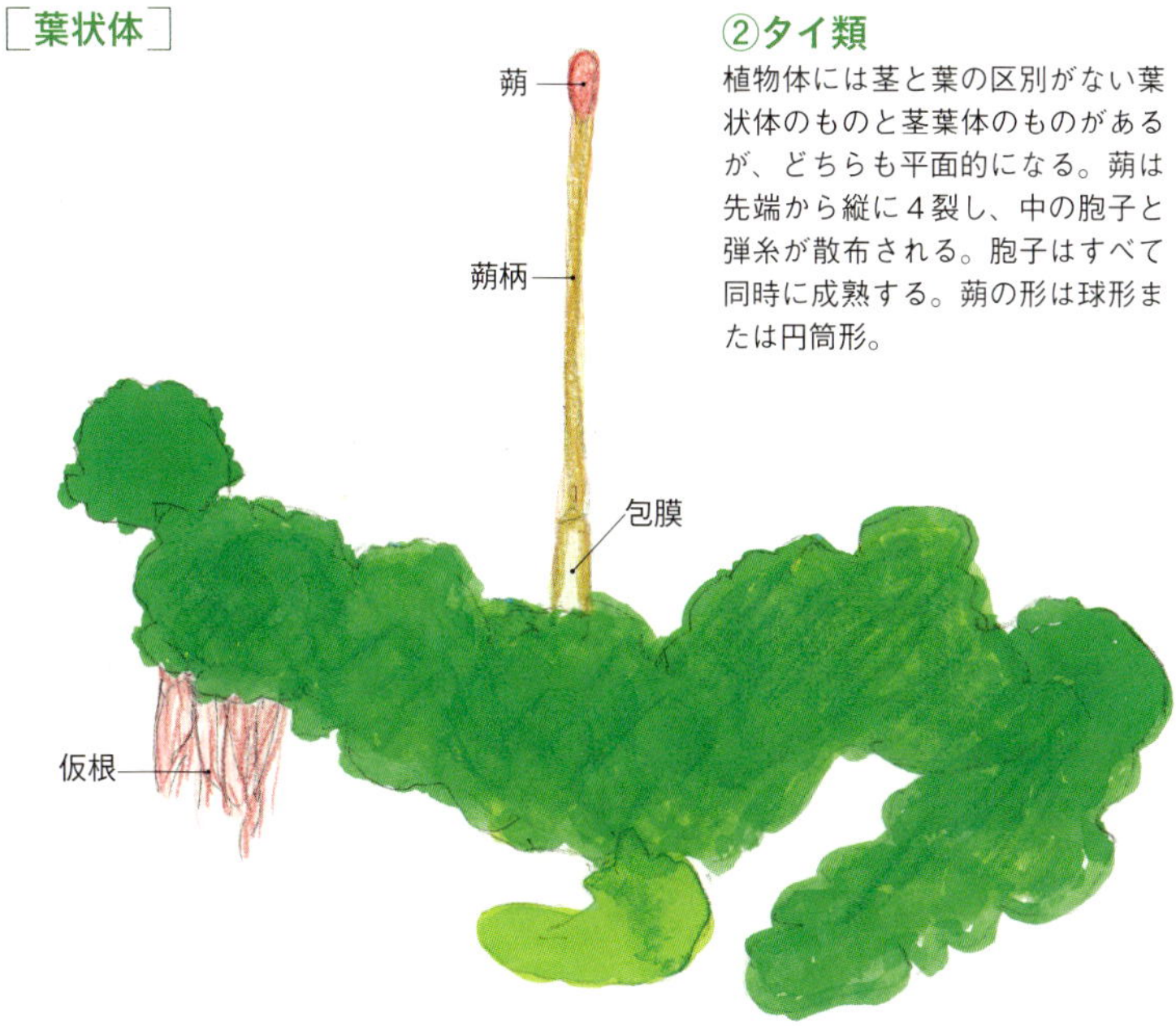

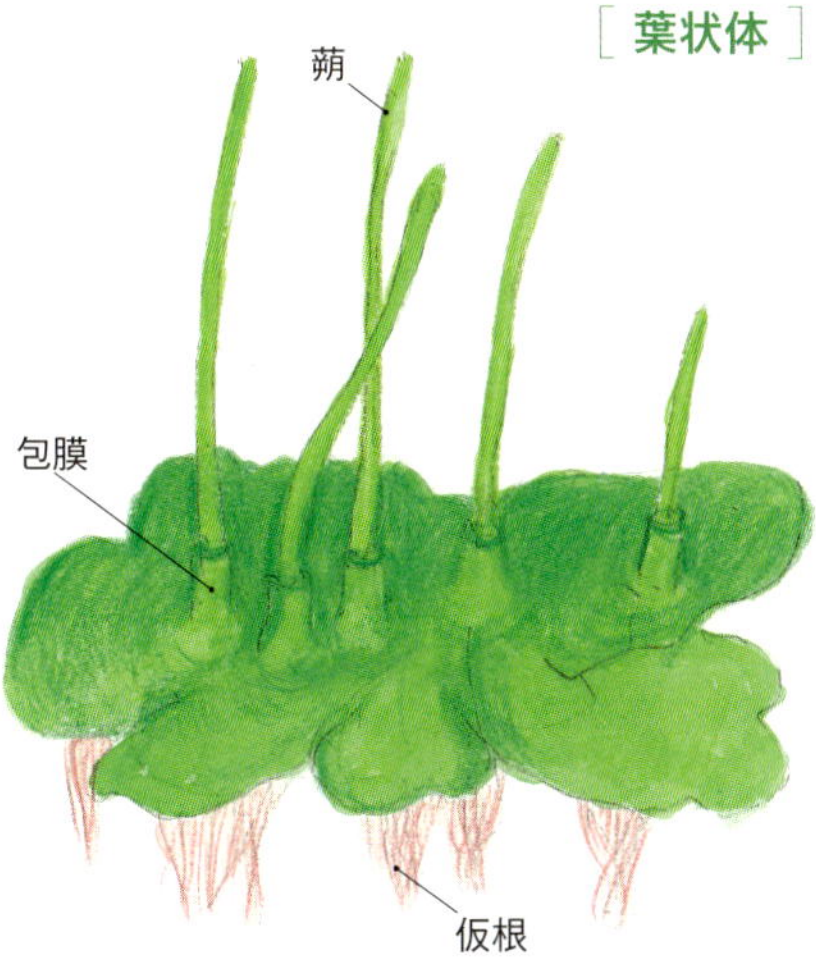

③ツノゴケ類

植物体はすべて葉状体で、平面的になる。セン類、タイ類と違って、蒴柄はない。蒴は細長く、先端から縦に2裂し、中の胞子と弾糸が散布される。胞子は蒴の先端部のものから成熟する。日本には17種が知られている。

コケではないコケ

シダ植物や地衣類、藻類、菌類などの中には、名前にコケとつくものがある。見た目もコケっぽい雰囲気があり、コケに間違われやすい。

しかし、シダ植物は維管束植物であり、コケとは違う生き物である。また、地衣類は菌類のうちで藻類を共生させることで自活できるようになったもので、コケとは形態的に異なり、構造もまったく違うものである。

地衣類

ウスバカブトゴケ

樹幹に着生したウスバカブトゴケ（地衣類）。タイ類に見えなくもない。

地衣類

ウグイスゴケ

倒木上などに生えるウグイスゴケ（地衣類）。
コケと名前はついているがコケにあらず。

シダ植物

ホソバコケシノブ

湿った岩上や樹幹などに着生するホソバコケシノブ（シダ植物）は大形のコケに見えなくもない。

本書の用語解説

外曲（がいきょく）
葉の縁が茎に体する側と反対側に巻くか反る状態。
➡内曲

仮根（かこん）
茎や葉状体に見られる糸状の構造で、主に生育基物へつく役目をする。セン類では多細胞、タイ類とツノゴケ類では単細胞。

花披（かしん）
萼片《がくへん》と花弁を花被片と呼び、その全体名称をいう。

瓦状（がじょう）
タイ類の茎葉体の葉のつき方と重なり方の一型で、茎の先を上にしたときに重なり方が屋根瓦と同じ状態。**➡倒瓦状**

気室孔（きしつこう）
ゼニゴケ目の葉状体の表面にある気室に通じる小孔。開閉はしない。横断面でアーチ型と樽型がある。

偽足（ぎそく）
①ミズゴケ科の蒴の下にある柄。配偶体の先端が伸長したもので、胞子体の一部である蒴柄とはその起源が異なる。②先に無性芽をつける柄状の枝をいう。

基物（きぶつ）
岩、樹木、土など、蘚苔類が直接生えているもの。生育基物とも呼ぶ。

茎葉体（けいようたい）
配偶体で、茎と葉が分化している構造。**➡葉状体**

原糸体（げんしたい）
胞子が発芽してできる糸状の組織。

蒴（さく）
胞子体上部のふくらんだ部分で、胞子嚢、蓋および頚部（ないこともある）からなる。

蒴歯（さくし）
蒴の先端にあり、蒴が成熟するまで胞子が出るのを抑えている歯のような構造。

蒴柄（さくへい）
胞子体の柄の部分。

雌器床（しきしょう）
タイ類の雌器托にあり造卵器をつける傘状の構造。

雌器托（しきたく）
タイ類の造卵器をつける部分が傘状になった構造で雌器床と柄からなる。ゼニゴケ目に見られる。

雌雄異株（しゆういしゅ）
造卵器と造精器がそれぞれ別の植物体につく雌雄性の一型。造卵器がつく株を雌株《めかぶ》、造精器がつく株を雄株《おかぶ》と呼ぶ。

雌雄同株（しゆうどうしゅ）
造卵器と造精器が同じ植物体につく雌雄性の一型。

全縁（ぜんえん）
葉またはその裂片の縁に歯や突起がなくて滑らかなこと。

造精器（ぞうせいき）
配偶体の上にある雄性の生殖器官で内部に精子ができる。

造卵器（ぞうらんき）
配偶体の上にある雌性の生殖器官で内部に卵子ができる。

弾糸（だんし）
タイ類とツノゴケ類の蒴の中にある糸状の構造。胞子の散布に役立っている。

中肋（ちゅうろく）
セン類の葉の中央にある多細胞層の筋状の構造で、

普通1本か2本ある。またはタイ類の葉状体で中央部が厚くなり筋状になっている構造。

倒瓦状（とうがじょう）

タイ類の茎葉体の葉のつき方と重なり方の一型で、茎の先を上にしたときに屋根瓦の並び方と逆の状態。➡**瓦状**

内曲（ないきょく）

葉の縁が茎の側に巻くか反る状態。➡**外曲**

乳頭（にゅうとう）

細胞の外側にある突起で、尖ったもの、丸いもの、先の分かれたものなどいろいろな形がある。

配偶体（はいぐうたい）

単相（1組の染色体をもつ状態）の世代で普通は茎葉体と葉状体の部分をいう。造卵器と造精器があり、有性生殖をする植物体。➡**胞子体**

背片（はいへん）

タイ類の葉が著しく不等に二裂して、2つに折りたたまれているときに、背側の裂片をいう。普通は葉と呼ぶ。➡**腹片**

背面（はいめん）

葉では茎に面していない、一般に裏と呼ばれている側の面。葉状体では匍匐しているときに上になっている、一般に表と呼ばれている側の面。➡**腹面**

披針形（ひしんけい）

平たくて細長く、先のほうが尖り、基部のほうがやや広い形。

腹片（ふくへん）

タイ類の葉が著しく不等に二裂して、2つに折りたたまれているときに、腹側の裂片をいう。

➡**背片**

腹面（ふくめん）

葉では茎に面している側の面。葉状体では匍匐しているときに下になっている面。➡**背面**

腹葉（ふくよう）
タイ類の茎葉体の葉が3列に並んでいるときに、腹面にある葉をいう。

蓋（ふた）
セン類の蒴の先端にある蓋。蒴が成熟するとはずれる。

帽（ぼう）
蒴の上部を覆う薄い膜のようなもので、若い蒴を乾燥から守る。

胞子体（ほうしたい）
複相（染色体のセットを2個持っている状態）の世代で胞子をつくる部分。おもに配偶体を連結する足、蒴柄、蒴からなる。**➡配偶体**

包膜（ほうまく）
葉状体において造精器または造卵器を保護している膜状の組織。雄包膜と雌包膜がある。

苞葉（ほうよう）
茎葉体において造精器または造卵器を保護している葉。雄苞葉と雌苞葉がある。

無性芽（むせいが）
配偶体において無性的につくられる繁殖のための散布体。発芽すると原糸体ができ、その上に新しい植物体を生ずる場合と原糸体をつくらず直接植物体に発達する場合がある。

毛葉（もうよう）
茎や枝の表面にある毛または小さい葉。

雄器床（ゆうきしょう）
タイ類の雄器托にあり造精器をつける盤状の構造。

雄器托（ゆうきたく）
タイ類の造精器をつける部分が傘状になった構造で雄器床と柄からなる。ゼニゴケ目に見られる。

葉状体（ようじょうたい）
茎と葉の区別がなく全体が平らな葉状のもの。**➡茎葉体**

コケを見に行こう

見ようと思わなければ、見えないものがある。
コケはそのさいたるもので、
見ようと思わないと目には入らない。
しかし、ひとたび意識すると、
いろいろな場所に生育していることがわかる。
ふだんはくすんで汚い路傍のコケも、
雨上がりには青々として、これも都会の景観を
構成するディテールなのだと気づかされる。
そして、ルーペを使って覗き込めば、
葉末の美しさに驚かされる。

コケ観察の七つ道具

ルーペの使い方
低倍率のルーペは、ルーペをコケに近づけて顔は離して観察する。高倍率の場合は、ルーペを目にくっつけて固定し、ピントが合うまでそのままコケに近づいていく。

ルーペ

拡大率2〜3倍の低倍率のものと、10〜20倍の高倍率のものがあると便利。レンズの直径が大きなものは見やすいが、あまり携帯には向かない。コンパクトなものであれば首からぶら下げられるので使い勝手がいい。

三脚

マクロレンズを使ってコケを接写するのであれば、三脚は必須。小型三脚より、多少大きくても安定性の高いものが好ましい。

筆記用具

メモをとったりイラストを描くための筆記具。シャープペンシルよりも文字や絵が消えない筆記具が好ましい。書き分けができる多色ボールペンが便利。

ノート

コケを観察していて気づいたことや、コケが生育していた場所、種の名前などをメモしたり、イラストを描いたりして記録を残しておくとのちのち役に立つ。

図鑑

持ち運びに便利なポケットサイズの図鑑があれば、種の同定に役立つ。

コンパクトデジタルカメラ

記録としての写真を撮るのであれば手軽で扱いやすいコンデジが便利。接写をするのであれば接写機能つきのものを。一眼レフ＋マクロレンズ＋三脚があれば申し分ない。

霧吹き

乾いて休眠しているコケに水を吹きかけて変化を観察するときに使用する。

ギンゴケ

生命力が強く、都会のコンクリート上から南極まで世界中のいたるところに生育している。

ハリガネゴケ

都市部でも普通に見られ、コンクリートの道端や屋上、ブロック塀、樹幹などに群生したり、小さな塊をつくる。

身近なコケ

コケはいたるところに生育している。山野に限らず、ビルが建ち並ぶ都会や住宅地などでも数種のコケを見つけることができる。また、コケが生育している場所というと、日陰の湿潤な場所を想像しがちだが、日向で生育するコケもある。

たとえばギンゴケはとりわけ生命力が強く、からからに乾いたコンクリートの道端や側溝などに生育し、乾燥すると和名の通り、銀白色に見える。

ハマキゴケも都会の道端やブロック塀、石垣などに生えるコケで、乾燥するとその名の通り葉が内側に巻くように縮れ、茶褐色になる。雨が降ったり、霧吹きで水をかけたりすると、瞬時に葉を開いて緑

ハマキゴケ
都市部でもよく見られ、乾燥すると葉を巻いて茶褐色になるが、雨が降ると開いて緑色になる。

色になる。

ハリガネゴケも乾燥したコンクリートの上から日陰地の湿度の高い土の上まで、幅広い環境に適応していて、身近で普通に見られる。

等々力渓谷のコケ

多摩川水系の谷沢川《やざわがわ》の浸食によってできた等々力渓谷は、東京23区唯一の渓谷で、東京都の名勝に指定されている。谷沢川に沿って設けられた延長約1キロメートルの遊歩道の両崖には武蔵野の雑木林が残り、湿生植物や低地性種のコケが観察できる。

武蔵野の雑木林が残る東京の名勝でコケ散策

関東ロームに覆われた武蔵野台地の南端が、多摩川水系の谷沢川に削られてできた崖線には多くの湧水がある。世田谷区にある等々力渓谷はこの湧水が台地を侵食してできた渓谷で、30箇所以上の湧水が発生し、一部には窪地に集まって湿地を形成している場所もある。そして、10メートルほどの急峻な両崖には豊かな雑木林が残り、動植物の生態系を支えている。

植生は武蔵野台地の崖線の潜在自然植生と考えられるシラカシ群集ケヤキ亜群集で、斜面部分には主としてシラカシやケヤキ、ムクノキ、斜面地上部や台地面にはイヌシデやコナラが多く分布している。また、湧水が流下する緩斜面にはセキショウ草地が見られ、湧水が留まる場所には湿性植物が点在している。そして、遊歩道脇の土や岩の上などには低地性種のコケが生育している。

等々力渓谷へのアクセスは、電車やバスなどの公共交通機関を利用するのが便利である。電車で行く場合は、東急大井町線の等々力駅で下車し、5分ほど南へ歩くと、ゴルフ橋と呼ばれている赤いアーチ鋼橋のたもとに「等々力渓谷入

①東急大井町線の等々力駅を下車し、南へ5分ほど歩くと、右手に等々力渓谷入口と書かれた看板が見えてくる。

②入口の階段を下りるとゴルフ橋と呼ばれているアーチ鋼橋の下に着く。ここから遊歩道が谷沢川に沿って約1キロメートルつづいている。

等々力渓谷へのアクセス

電車：東急大井町線等々力駅下車、ゴルフ橋渓谷入口まで徒歩約5分。
バス：等11・等12・東98・渋82「等々力」バス停下車、ゴルフ橋渓谷入口まで徒歩約5分。園01「等々力駅入口」バス停下車、玉沢橋渓谷入口まで徒歩1分。等01「等々力商店街」バス停下車、ゴルフ橋渓谷入口まで徒歩1分。

※地図上にコケの名前が示してあるポイントは、取材時に撮影した場所です。ほかの場所にも生育しています。また、コケは環境の変化に応じて棲み分けるため、経年とともに生育場所が変わったり消えてしまうこともあります。

口」と書かれた看板と階段が見えてくる。その階段を下りていくと、都会の喧噪から離れた空間が広がり、下流に向かって渓谷沿いに散策路が整備されている。

コツボゴケとケゼニゴケの群生が見られる不動の滝

川のせせらぎや野鳥の声を聞きながら遊歩道を進んでいくと、やがて環状八号線にかかる玉沢橋をくぐる。その先は谷もだんだん広くゆるやかになり、湧水が流れ落ちる不動の滝へとつづく。その昔には、この不動の滝に打たれる修行者がときおり見られたという。また、等々力の名は、こうした湧水の流れ落ちる音写の「轟く」にちなむという説がある。

不動の滝は、いまは都内でも有

③書院建物をとりまく日本庭園。書院は渓谷散歩の休憩に利用できる。日本庭園・書院は夜間、年末年始は休園。

開園時間：3～10月　9～17時
11～2月　9～16時半
（庭園内書院は開設時間の15分前で閉まります）
休園日：年末年始（12月29日～1月3日）

等々力渓谷コケ見マップ

数の憩い場として知られ、「雪月花」という茶屋も建ち、多くの人が訪れている。ここで足をとめて、そこに暮らすコケをじっくり眺めてみてほしい。湧水が流れ落ちる岩の上には数種類のコケが共存していて、とくにコツボゴケとケゼニゴケの群生が美しい。

さらに散策路を少し下流に進むと、右手に日本庭園が見えてくる。昭和48年に飯田十基によって作庭されたもので、石畳の階段園路を上っていくと書院があり、コケ庭を眺めながら休憩することができる。コケが張られた庭園内は立ち入り禁止だが、乾燥に強いハイゴケやスナゴケと見られる数種のコケが観察でき、自然美とはひと味違った佇まいの美しさと趣が感じられる。

サヤゴケ

Glyphomitrium humillimum

■分類：ヒナノハイゴケ科／サヤゴケ属
■分布：北海道～九州、東アジア

生育環境：サクラやイチョウ、その他の低地の樹上や岩上に小さな塊をつくる。

茎は長さ5～10ミリで立ち上がり、もとのほうでわずかに枝分かれする。葉は披針形で先は尖る。乾くと茎に接するが、ほとんど縮れない。

和名は雌包葉が蒴柄を鞘状に包むことに由来する。

ツクシナギゴケ

Eurhynchium savatieri

■分類：アオギヌゴケ科／ツルハシゴケ属

■分布：北海道〜琉球、小笠原、中国、ベトナム

生育環境：湿った地上、岩上、腐木上に生える。

茎は不規則に分枝し、枝は密で長さは1センチ前後。ややまばらに葉をつけ、湿ると全体が弱く扁平になる。茎葉は長さ1〜1.5ミリで、心臓状卵形で先端が尖り、全周には細かい歯がある。

イワイトゴケ

Haplohymenium triste

■分類：シノブゴケ科／イワイトゴケ属
■分布：北海道〜琉球、東南アジア、ヨーロッパ、北米東部

生育環境：山地の岩上や樹上に、細い糸がからみ合ったような群落をつくる。

茎は這い、不規則に枝分かれして、葉は乾くと枝に密着する。枝葉は卵形の基部からやや急に細い舌形にのび、長さは0・5〜1ミリで、舌状部は折れやすい。先端は円頭、ときに幅広い鋭頭。

ケゼニゴケ

Dumortiera hirsuta

■分類：アズマゼニゴケ科／ケゼニゴケ属
■分布：北海道～琉球、世界各地

生育環境：平地から低山地の陰湿な地上や岩上に群落をつくる。

葉状体表面にはビロード状のにぶい光沢があり、幅1～2センチ、長さ3～15センチで、1～2回二叉状に分かれる。

背面には微小な乳頭が密生し、かすかにクモの糸のような網目がある。

イヌケゴケ

Schwetschkeopsis fabronia

■分類：コゴメゴケ科／イヌケゴケ属
■分布：本州〜九州、アジア各地、北米東部

生育環境：半日陰地の樹幹や岩上にマット状に生える。

茎は横に這い、不規則に羽状に枝を出す。葉は重なり合って、やや平らにつく。乾くと茎に接するが、縮れない。卵形で、やや急に短く尖る。葉縁には微小な歯がある。中肋はない。

ヒロハツヤゴケ *Entodon challengeri*

■分類：ツヤゴケ科／ツヤゴケ属
■分布：北海道～九州、東アジア、ヨーロッパ、北米東部

生育環境：各地の樹幹や岩上にマット状に生える。

茎は横に這い、平らにやや羽状に枝分かれする。枝は葉を含めて、幅1～2ミリ。葉は明らかに扁平につき、卵状楕円形。先端はやや幅広く尖る。

和名は葉に光沢があることに由来する。

鎌倉のコケ

海と山に囲まれた鎌倉は、山に切れ込むように谷戸《やと》が存在し、気候は湿潤で、コケの生育に適した土地である。鎌倉といえばアジサイの名所として有名だが、コケむした石段や美しいコケ庭が見られる寺院も多い。

③杉本寺

鎌倉最古の寺として知られる古寺で、コケに覆われた鎌倉石の石段が見学できる。

④報国寺

竹の寺として有名だが、コバノチョウチンゴケに覆われた庭をはじめ十数種類のコケが見られる。

⑤妙法寺

「鎌倉の苔寺」と呼ばれている古寺で、杉本寺と比肩するコケに覆われた石段がある。

①東慶寺

四季折々に境内を彩る花の名所として知られるが、コツボゴケの群落をはじめ数種のコケが見られる。

②浄智寺

山門の前に小さな石橋が架けられた池があり、水面に浮いているウキゴケが観察できる。

鎌倉コケ見マップ

鎌倉特有の谷戸に立つ古寺はコケ見のスポット

鎌倉の街の周囲には小高い山々が入り組んだ尾根をなし、山に切れ込むように谷が放射状に存在している。この谷は谷戸と呼ばれ、平地の少ない鎌倉では貴重な土地であり、山から新鮮な水が流れる生活に適した場所でもあって、古くから多くの人々が暮らしている。

鎌倉に点在している古寺の多くはこの谷戸に建てられていて、豊富な水を生かして花々が育てられてきた。アジサイの名所が多いのも、この谷戸と呼ばれる鎌倉特有の地形が関係している。そして、谷戸は花だけでなく、多彩なコケも育んでいて、コケ見に出かけたくなる古寺も数多い。

東慶寺
花の寺として有名な古寺は隠れたコケ見スポット

北鎌倉駅から４、５分歩いたところに東慶寺はある。臨済宗円覚寺派の寺院で、寺伝によれば弘安８（１２８５）年に北条時宗の妻・覚山《かくさん》志道尼《しどうに》が開創したと伝えられている。開創以来、当寺に駆込めば離縁できる女人救済の寺として縁切り寺法を守り、明治35（１９０２）年まで尼寺として知られていた。

　いまは男僧の寺で、鎌倉の三大アジサイ寺と呼ばれる明月院、長谷寺、成就院と並んで花の名所として知られている。ウメやサクラ、ショウブ、アジサイと、境内では一年を通じてさまざまな花が楽しめるが、中でも人気が高いのがイワ

タバコである。裏山の岩肌にはイワタバコが群生していて、星の形をした紫色の花が咲く6月頃には、いつにも増して拝観者が多くなる。

イワタバコは湿った岸壁に着生する多年草で、コケと同じ環境を好む。つまり、イワタバコが群生する場所には、コケも旺盛に生育するというわけである。

コケが見られる古寺として有名ではないが、参道沿いの庭にはコツボゴケの群落が広がり、その美しさに目を留める人は多い。しかし、当寺にはそれ以外にも多くのコケが自生していて、切岸《きりぎし》（人が削ってできた崖）に囲まれた奥の墓苑まで足を運べば、カタハマキゴケやジャゴケなど、数種類のコケが観察できる。

DATA

松岡山 東慶寺

住所：神奈川県鎌倉市山ノ内1367

電話番号：0467-33-5100

アクセス：JR横須賀線北鎌倉駅から徒歩約4分

拝観時間：8:30～17:00（11～2月は16:00まで）

拝観料（境内）：大人200円 小・中学生100円

コツボゴケ

Plagiomnium acutum

■分類：チョウチンゴケ科／ツルチョウチンゴケ属
■分布：北海道〜琉球、アジア東部〜東南部、ヒマラヤ

生育環境：低地から山地帯の地上や岩上、庭園にも生える。

茎は横に這い、先が地について仮根を出し、ここから新たな茎を出して広がる。葉は卵形で先は尖り、長さは3ミリ内外。雌雄異株だが、雌雄同株のツボゴケによく似ていて肉眼的に区別はつかない。

カタハマキゴケ *Hyophila involuta*

■分類：センボンゴケ科／ハマキゴケ属
■分布：本州〜琉球、アジア、ヨーロッパ、北・南米、オセアニア

生育環境：低地から山地帯の日当りのよい転石、石垣、コンクリート壁上に生育。

葉は長めの卵形で、中肋が葉頂にまで達している。葉は乾燥すると内側に強く巻くが、湿らすと瞬時に広がる。ハマキゴケに似るが、葉縁の上部に低いまばらな鋸歯があることで容易に区別できる。

浄智寺

山門前の池に浮くコケ

東慶寺から3分ほど東へ歩いたところに浄智寺という禅宗の寺院がある。建長寺の西南の谷戸に位置し、境内への入口には鎌倉十井（良質な水が湧いたり伝説が残る10の井戸で、江戸時代に観光名所として選定）のひとつに数えられる「甘露《かんろ》の井《い》」という湧き水がわいている。この湧水を貯めた池ではウキゴケが観察できる。

DATA

金峰山 浄智寺

住所：神奈川県鎌倉市山ノ内1402
電話番号：0467-22-3943
アクセス：JR横須賀線北鎌倉駅から徒歩約6分
拝観時間：9:00～16:30
拝観料：大人200円　小・中学生100円

ウキゴケ

Riccia fluitans

■分類：ウキゴケ科／ウキゴケ属

■分布：北海道〜九州、世界中

生育環境：池や沼、水田などに浮遊したり、半日陰地の湿った土の上などに生える。

葉状体は淡緑色で細長く、幅は1ミリ内外、長さは1〜5センチになる。規則的に二又状に枝分かれする。水中に生育するときは仮根を持たないが、陸上に生育するときにはまばらに仮根をつける。

杉本寺

鎌倉最古の寺院のコケの石段

鎌倉市二階堂に鎌倉最古の寺として知られる杉本寺がある。

本尊は三体の十一面観音像で、間近での拝観はできないが、毎月1日と18日に開帳が行われる。このほかにも、源頼朝の寄進と伝えられる前立十一面観音像や昭和期に往時の住職が造像した新十一面観音像などさまざまな仏像を拝観することができ、引きも切らず拝観者が訪れている。そしてもうひとつ、当寺はコケむした鎌倉石の石段が有名で、近年は、この石段を一目見ようと訪ねてくるコケガールの姿が増えている。

鎌倉駅から当寺までは徒歩だと30分ほどかかるが、東口から金沢

八景駅行きやハイランド行きの京浜急行バスに乗れば、最寄りのバス停「杉本観音」まではおよそ7分で到着する。

　コケむした鎌倉石の石段は、山門をくぐった先から本堂（観音堂）へ通じているが、現在は通行禁止になっていて、参拝者は左側の新しい階段を利用して上るようになっている。石段の両側には白い奉納旗が並び、鎌倉石の表面にはハイゴケをはじめとする数種類のコケが混生して、見応えのある景色を織りなしている。

　本堂の裏山は杉本城跡で、本堂右手前には建武4（1337）年の杉本城の戦いで戦死した斯波《しば》家長《いえなが》と一族の供養塔とされる石塔群が並び、コケのしとねで安らいでいるように見える。

DATA

大蔵山 杉本寺

住所：神奈川県鎌倉市二階堂903

電話番号： 0467-22-3463

アクセス： 京浜急行バス杉本観音下車、徒歩1分

拝観時間： 8:30〜16:30（入山受付は16:15まで）

拝観料：大人（中学生以上）200円 小人（小学生）100円

ハイゴケ

Hypnum plumaeforme

■分類：ハイゴケ科／ハイゴケ属
■分布：北海道〜琉球、東アジア、ハワイ

生育環境：日当り地の湿った地上、岩上などに群落をつくる。

茎は横に這い、長さ10センチ内外にまでのびて、規則的に羽状に枝を出す。枝の長さはほぼ1センチ内外でそろっている。葉は幅広い卵形の基部から上半分が著しく鎌状に曲がり、先端は尖る。

報国寺

多くの種類が見られるコケ寺

　鎌倉の中でも北東に位置する宅間谷戸と呼ばれる谷間に佇む報国寺は、美しい竹林の庭があることから「竹の寺」として有名である。当寺は建武元（１３３４）年、天岸《てんがん》慧広《えこう》の開山により創建されたと伝えられ、開基については足利尊氏の祖父足利家時とも上杉重兼ともいわれている。

　足利、上杉両氏の菩提寺である報国寺は、鎌倉公方として権勢をふるった関東足利氏の繁栄を示す寺院であり、永享10（１４３８）年の永享の乱で敗れた第4代鎌倉公方足利持氏の子・義久が自刃した寺でもある。

　境内に広がる「竹の庭」を見下ろすように掘られた「やぐら」は、足利家時と義久らの墓と伝えられている。さまざまな歴史が語り継がれている当寺は竹の庭ばかりが有名だが、実はコケの美しい寺であり、山門をくぐると、左手にはコバノチョウチンゴケに覆われたコケ庭があり、右手の斜面にも大群落が広がっていて、深い趣が感じられる。

　参道や境内にはそれ以外にもコツボゴケの群落やスナゴケ、シッポゴケ、コスギゴケ、ナミガタタチゴケ、タマゴケ、ヒノキゴケ、アラハシラガゴケ、ホソバオキナゴケ、ジャゴケなど十数種類ものコケが生育していて、種類の多さという点では鎌倉一のコケ寺といっても過言ではない。

DATA

功臣山 報国寺

住所：神奈川県鎌倉市浄明寺2-7-4

電話番号： 0467-22-0762

アクセス： 京浜急行バス浄明寺下車、徒歩3分

拝観時間：9:00～16:00（抹茶の受付は15:30まで。混雑時は抹茶の受付を一時停止する場合がある。12/29～1/3 は拝観休止）

拝観料：大人（中学生以上）200円

抹茶（干菓子付） 500円

コバノチョウチンゴケ *Trachycystis microphylla*

■分類：チョウチンゴケ科／コバノチョウチンゴケ属
■分布：本州～琉球、東アジア

生育環境：低地の半日陰地の腐植土上や岩上、ときに樹上に群落をつくる。

茎は立ち上がり、長さは2～3センチ。茎の先の方で数本の細い枝を出す。葉は乾くと著しく巻く。茎葉は披針形で、長さは2～3センチ。先端は短く尖る。中ほどから先端にかけて小さな歯がある。

チヂミバコブゴケ *Oncophorus crispifolius*

■分類：シッポゴケ科／コブゴケ属
■分布：本州～九州、東アジア

生育環境：日当り地や半日陰地のやや乾きやすい岩上や地上に群生する。

茎の高さは1～3センチで、ほとんど枝分かれしない。葉は半透明で鞘状の基部で茎を包むようにつく。葉身は長披針形で、長さは3～4ミリ。乾くと著しく縮れる。中肋は葉先までのび、少し突き出る。

妙法寺

鎌倉のコケ寺と呼ばれる古寺

「鎌倉のコケ寺」と呼ばれている古寺がある。妙法寺という日蓮宗の寺院で、杉本寺と同じくコケむした石段が見られることで有名で、鎌倉駅から東南に20分ほど歩いた大町のはずれにある。

この界隈は、その昔には松《まつ》葉《ば》谷《がや》と呼ばれた谷戸で、当寺の境内は、建長5（1253）年に日蓮が安房より移り住んで草庵を結んだ場所と伝えられている。しかし、近くにある安国論寺と長勝寺もそれぞれ松葉ヶ谷草庵跡を称していて、どこが実際の場所であったかは不明である。

コケむした石段は本堂を通り過ぎ、仁王門をくぐった先にあり、釈迦堂跡に通じている。石段の両側にはシダ植物をはじめとする下草が鬱蒼と茂り、幽玄な雰囲気が漂っている。

現在、石段は通行禁止で立ち入れないので種の同定はできないが、数種類のコケが混生している様子が見て取れる。石段の横に設けられた階段で法華堂まで上がれば、銅ぶきの屋根の下に群落をつくっているホンモンジゴケやホソエヘチマゴケの姿も見られる。

DATA

楞厳山 妙法寺

住所：神奈川県鎌倉市大町4-7-4
電話番号：0467-22-5813
アクセス：JR横須賀線鎌倉駅から徒歩約20分　京浜急行バス名越下車、徒歩3分
拝観時間：9:30〜16:30（12月第2週〜3月中旬、7月第2週〜9月中旬までは土日祝のみ）
拝観料：大人（中学生以上）300円 小人（小学生）200円

ホンモンジゴケ

Scopelophila cataractae

■分類：センボンゴケ科／ホンモンジゴケ属
■分布：本州～九州、東南アジア、インド、ヒマラヤ、北・南米

生育環境：銅ぶきの屋根の下などの地上や岩上に群落をつくる。

茎はほとんど分岐せず、葉は2ミリ内外の楕円状披針形で先は尖る。中肋は1本で、葉先までのびる。銅イオンを含む場所にしか生えず、市街地に多い。和名は池上本門寺で発見されたことに由来する。

ホソエヘチマゴケ

Pohlia proligera

■分類：ハリガネゴケ科／ヘチマゴケ属
■分布：北海道〜九州、北半球

生育環境：山地の地上に黄緑色の光沢のある群落をつくる。

茎の長さは1〜2センチ。下部の葉は卵状披針形、上部の葉は線形で長さは2〜2・5ミリ。やや光沢があり、葉縁は平坦か弱く反曲し、上部には細かい歯がある。中肋は葉先近くで終わる。葉腋に無性芽をつける。

チャツボミゴケ公園のコケ

チャツボミゴケ公園は、群馬県中之条町の山奥にある。当園は約2千平方メートルにおよぶ鉄鉱山の跡地に散策路を整備したもので、東アジア最大級のチャツボミゴケの群生地として知られている。

酸性泉の環境を好む特殊な「温泉ゴケ」

チャツボミゴケ公園は群馬鉄山跡地を緑化して造成された公園で、鉱床跡を覆うチャツボミゴケと、コケの群生の中を縫うように流れ落ちる瀬が神秘的な光景を織りなしている。

かつてこの地には白根火山の爆発でできた底が見えないほどのすり鉢状の深い穴があり、動物が落ちると出られなくなって死んでしまうことから「穴地獄」と呼ばれていた。現在は鉄鉱石の採掘によって掘り崩されて、往時の面影はない。

露天掘りによる鉄鉱石の採鉱が行なわれていたのは昭和41（１９６６）年までで、昭和19（１９４４）年の操業開始以来、約３００万トンの鉄鉱石を産出し、それを運ぶために、現在のJR吾妻線のはじまりとなる鉄道が敷設された。

閉山後は鉱山を運営していた日本鋼管（現ＪＦＥ）によって保養所として活用されていたが、平成24（２０１２）年に中之条町へ譲渡され、「チャツボミゴケ公園」と改称されて、一般の外来客も訪問することができるようになり、現在に至っている。チャツボミゴケは硫黄泉の近くなどの酸性泉の環境を好むという特性があり、世界で最も耐酸性が強い種で、火山性の酸性水域でも育つことから「温泉ゴケ」とも呼ばれることがある。穴地獄は、いまでもＰＨ２・８という強酸性の鉱泉が湧出していて、チャツボミゴケが生育するには最適の場所になっている。

四季折々の表情が楽しめるが緑が濃いのは梅雨の季節と秋

穴地獄へ行くためには、まず受付駐車場で保全協力金を支払い、そこから約1キロメートル先にある穴地獄駐車場まで車で移動する。そこからチャツボミゴケが自生している沢に沿ってのびた山道を徒歩で３００メートルほど登ったところに穴地獄はある。

整備された道なので登山靴やトレッキングシューズの必要はないが、できるだけ歩きやすい靴がお

チャマポコド公園の口た

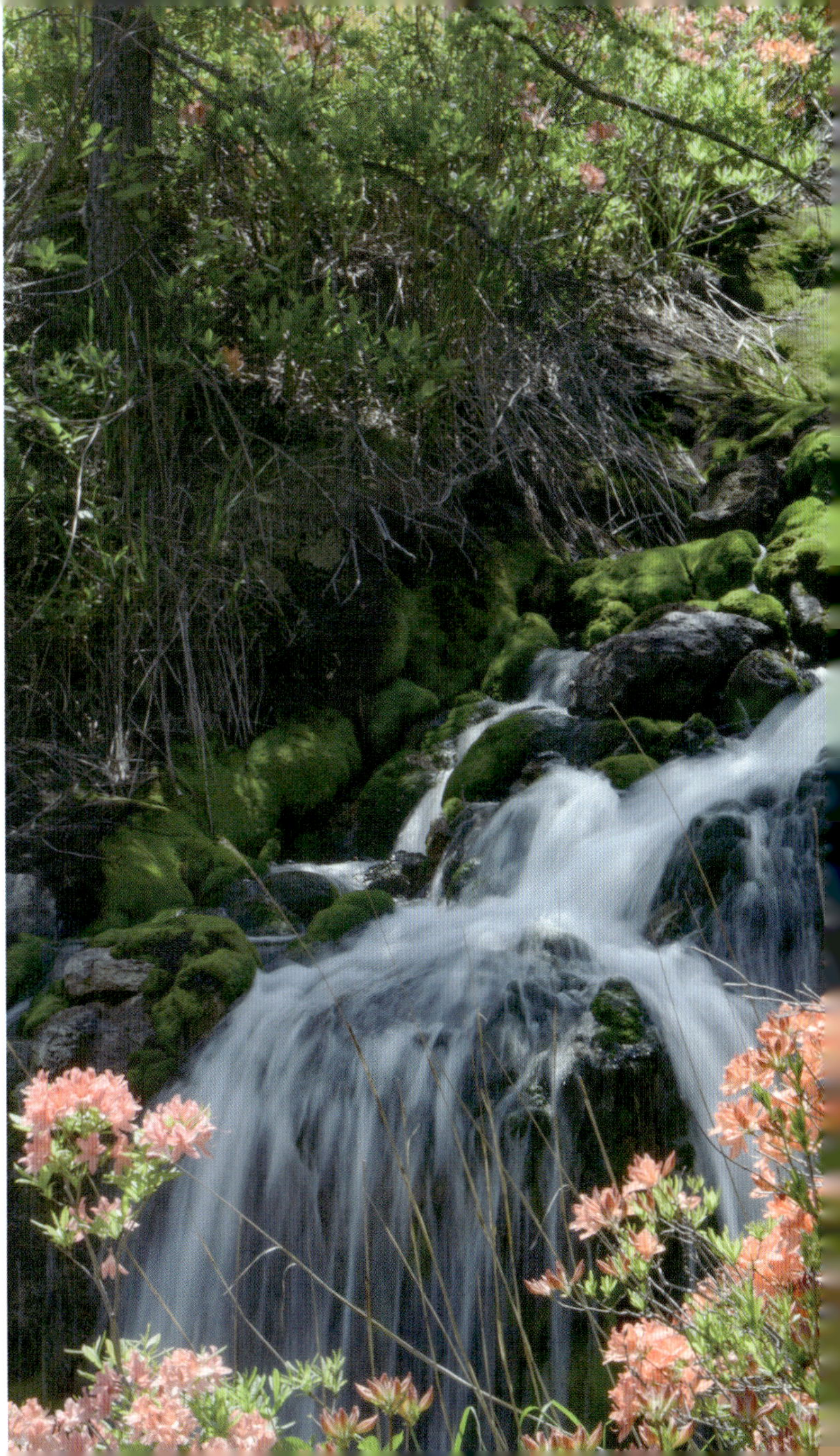

チャツボミゴケ公園コケ見マップ

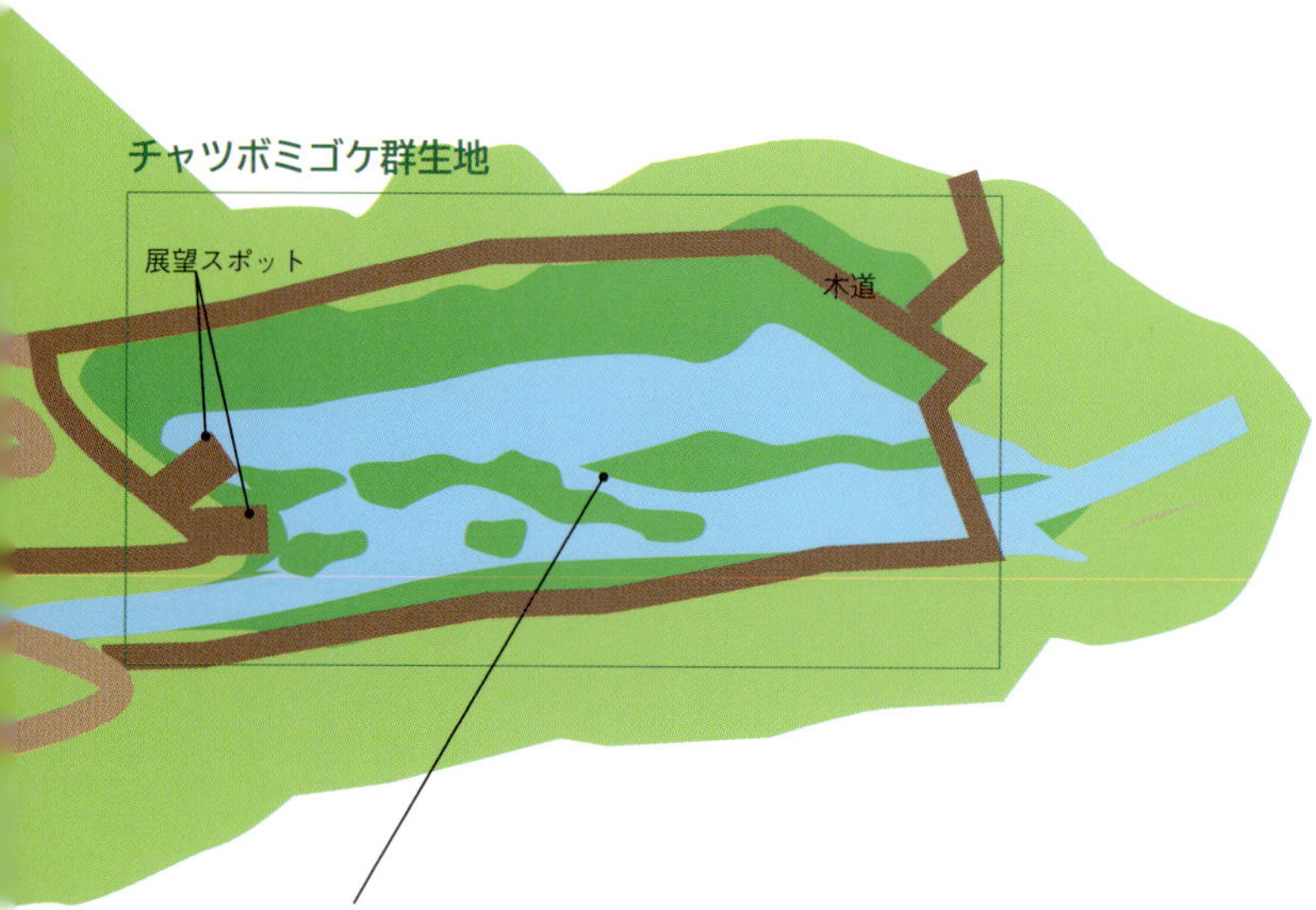

穴地獄

ビロードの絨毯を敷き詰めたような穴地獄。周りには木道が整備されていて、歩きながら神秘的な景色が堪能できる。

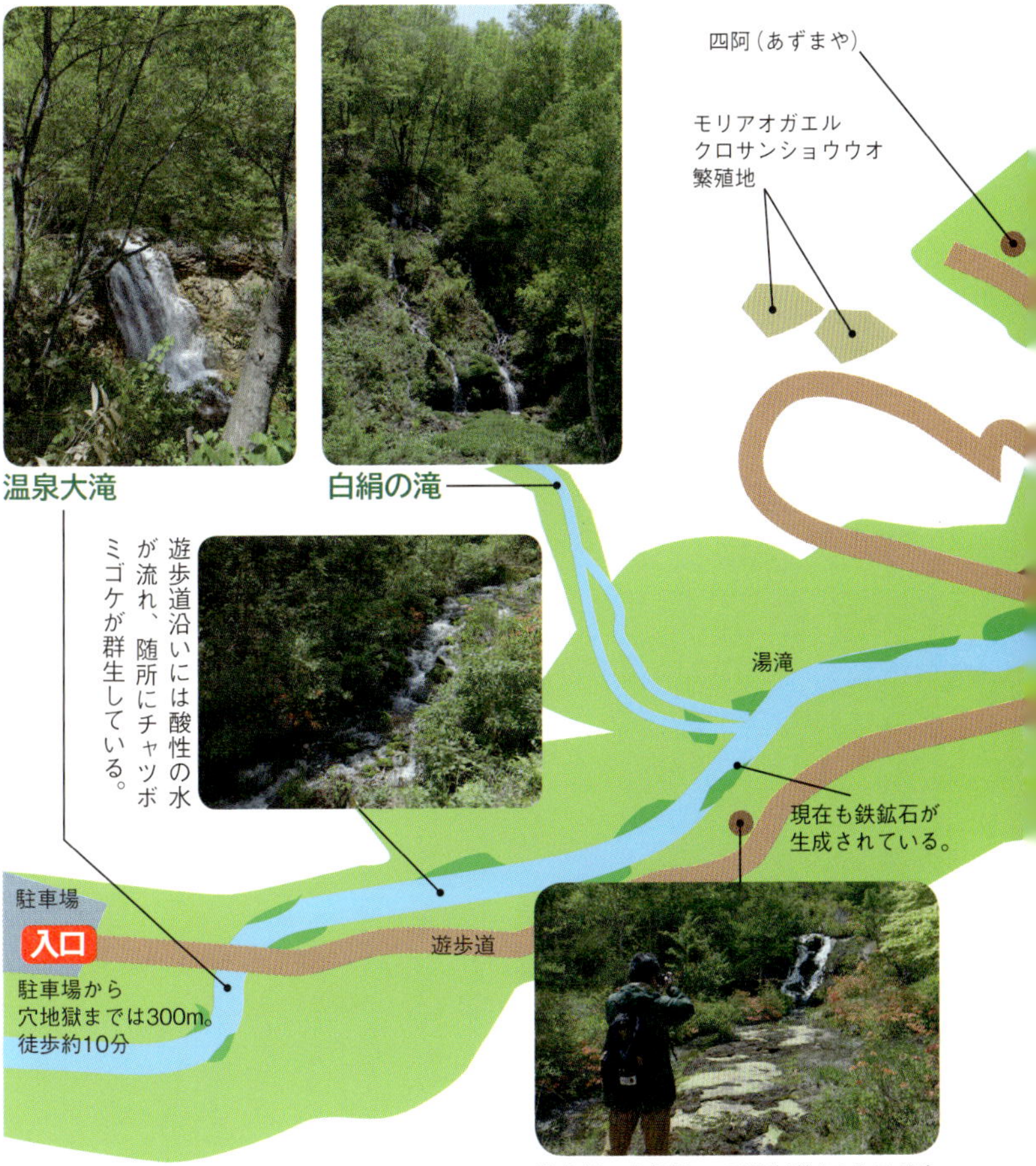
温泉大滝
白絹の滝
四阿（あずまや）
モリアオガエル
クロサンショウウオ
繁殖地
遊歩道沿いには酸性の水が流れ、随所にチャツボミゴケが群生している。
湯滝
現在も鉄鉱石が
生成されている。
駐車場
入口
遊歩道
駐車場から
穴地獄までは300m。
徒歩約10分

駐車場から沢沿いの遊歩道を3分ほど歩くと湯滝が望める展望スポットがある。

チャツボミゴケ公園へのアクセス

車 東京方面から（渋川伊香保ICから約1時間45分）
関越自動車道渋川伊香保IC→国道17号・353号・145号 約60分→長野原町・新須川橋交差点→国道292号 約40分→チャツボミゴケ公園
車　長野方面から（碓氷軽井沢ICから約1時間45分）
上信越自動車道碓氷軽井沢IC→国道146号 約60分→長野原町・新須川橋交差点→国道292号 約40分→チャツボミゴケ公園
電車
高崎→吾妻線約85分→長野原草津口駅→タクシー約40分→チャツボミゴケ公園

チャツボミゴケ公園インフォメーション

住所 群馬県吾妻郡中之条町大字入山13-3
チャツボミゴケ公園・穴地獄
電話 0279-95-5111
開園時間 9:00～16:00（受付は15:30まで。季節・天候により変更あり）
開園時期 4月中旬～11月末
（開園時期は公式サイトにてご確認ください）
保全協力金 1人300円（小学生以下は無料）
HP http://chatsubomigoke.web.fc2.com/

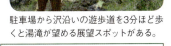

すすめである。

穴地獄の周りには木道が敷かれていて、ゆっくり歩いて20分ほどで一周できる。穴地獄から湧き出る鉱泉に育まれたチャツボミゴケの群生は圧巻で、一見の価値はある。ビロードの絨毯を敷きつめたような川面は、春のレンゲツツジ、初夏の新緑、秋の紅葉、冬の銀世界と季節ごとに違った表情を見せてくれる。特に梅雨の季節と10月中旬頃は、チャツボミゴケの緑が深く、美しくなる。

これほどチャツボミゴケが広範囲に群生しているのは全国でも珍しく、群馬県の天然記念物に指定されている。また、周辺の湿地群とともにラムサール条約にも登録されている。

チャツボミゴケ

Jungermannia vulcanicola

- 分類：ツボミゴケ科／ツボミゴケ属
- 分布：北海道～九州、東南アジア

生育環境：日当り地などの硫黄泉の流水中や湿地などに群生する。

茎は長さ3～6センチになり、不規則に少数の枝を出し、ほぼ丸い塊状になる。葉は類円形で、へりは全縁。複葉はない。仮根は少なく、無色。日本全国の硫黄の温泉地や噴気孔の近くに見られる。

北八ヶ岳のコケ

白駒池周辺には亜高山性針葉樹林の森が広がり、林床にはコケの旺盛な生育が見られる。豊かなコケの群落はため息が漏れるほどの美しさで、神秘的な雰囲気が漂うコケの森は見る者を圧倒する。

北八ヶ岳には目を奪われる景観が広がっている

北八ヶ岳の原生林の中にある白駒池の周辺は、貴重な森林生態系が維持されていて、「緑の回廊八ヶ岳」、「白駒池コメツガ植物群保護地域」、「北八ヶ岳自然休養林」に指定されている。そして、平成20(２００８)年には、「日本の貴重なコケの森」の認定を受けている。

「日本の貴重なコケの森」は、日本蘚苔類学会が貴重な種や多くの種を育む重要なエリアの環境を守ることを目的に選定するもので、平成28年現在、全国で25ヶ所の場所が認定されている(１４８〜１５１ページ参照)。八ヶ岳一帯は現在までに４８５種の蘚苔類が報告されているコケの宝庫で、中でも白駒池周辺は多くの種が旺盛に生育している「コケの森」である。

白駒池は標高２１１５ｍに位置し、池の周囲長は1・35㎞。白駒峰の噴火により大石川がせき止められて誕生した堰止湖で、標高２０００ｍ以上の高地にある湖としては日本一の大きさである。そんな高所にあるにもかかわらず、アクセスは容易で、国道２９９号線沿いにある白駒池駐車場から歩いて約15分ほどで到着できる。

湖までの歩道の周りには数百年の風雪を生き抜いてきたコメツガやトウヒ、シラビソなどが鬱蒼と茂り、林床にはイワダレゴケをはじめとする高山のコケが旺盛に生育している。その野生が織りなす景観に目を奪われる。

原生林の中に満面の清水をたたえる白駒池。標高2000m以上の高地にある湖としては日本一の大きさを誇る。毎年11月下旬には全面結氷してしまい、本州で最も早く湖面でスケートができる場所だとされる。水深は最大8.6m、透明度は5.8mにおよぶ。

至佐久穂町
299
メルヘン街道
車両通行禁止
ヤマネの森
青苔荘
白駒池
もののけの森
白駒荘
白駒湿原
にゅうの森
至稲子湯
0
100m
200m
300m
400m
至にゅう

地衣類が多く見られる森で、コケではヨシナガムチゴケなどが生育している。

大石川の源流で、白駒峰の噴火でせき止められた場所。ムツデチョウチンゴケなどが見られる。

白駒湿原にはヒメミズゴケが生育している。

白駒コメツガが鬱蒼と茂り、ミヤマクサゴケが旺盛に生育している。

神秘的な景観が広がる「もののけの森」。自然が創り出す造形は幻想的で、目を見張る美しさをたたえている。

北八ヶ岳コケ見マップ

至茶臼山
至雨池
地獄谷
大石峠
茶水の森
旅人がお茶を煎れて飲んだと伝わる水場があり、ホソバミズゴケなどが生育している。
麦草峠
茶水池
299
駐車場
メルヘン街道
麦草ヒュッテ
至茅野市
駒鳥の池
黒曜石のかけらがある森で、フウリンゴケなどが生育している。
有料駐車場
黒曜の森
白駒の森
見応えのある原生林が広がり、カギカモジゴケなどが生育している。
鬱蒼とした原生林と緑の絨毯を広げたようなチシマシッポゴケが生育している。
原生林とコケの調和が素晴らしい森で、コセイタカスギゴケなどが生育している。
丸山の森
高見の森
カモシカの森
丸山
高見石小屋
原生林とコケの調和が素晴らしい森で、セイタカスギゴケなどが見られる。
オコジョの森
至渋ノ湯
至中山
オコジョが棲んでいる森で、岩上に生育しているクロゴケなどが見られる。
白駒の池

白駒池駐車場の脇にある湖への入口。一歩踏み入れば歩道の周りにはコメツガやトウヒ、シラビソなどが鬱蒼と茂り、多彩なコケが林床を覆い、幻想的な景色が広がっている。駐車場から歩いて約15分ほどで白駒池に到着できる。国土地理院の地図では「白駒の池」ではなく「白駒池」と表記されている。

※地図上に、その森で見られるコケの名前を記してありますが、そこだけに限らずほかの場所にも生育しています。また、コケは環境の変化に応じて棲み分けるため、経年とともに生育場所が変わったり消えてしまうこともあります。

白駒池を中心に点在する10ヶ所のコケの森

白駒池周辺の原生林の森には、「白駒の森」、「もののけの森」、「オコジョの森」、「カモシカの森」、「茶水の森」などと名づけられた10ヶ所のコケ観察のエリアが点在している。それぞれの森には特徴があり、生育しているコケの種類にも違いがある。

10ヶ所の森をすべて回るとなると、少なくとも1泊2日の予定を組むのが賢明だろう。一つの森を見て回るだけでも、コケをじっくりと観察しているとすぐに数時間が経過してしまう。たとえば日帰りであれば、1～3ヶ所のエリアに生育しているコケをじっくりと観察しながら歩くのが理想的である。白駒池を周遊し、池の東側に広がる「もののけの森」を見るだけでも、圧倒的なコケの森の姿に大きな感動が得られるはずだ。

池の周りや登山道には木道などが整備されているが、行くエリアによってはぬかるみや湿地もあるので、足元は濡れてもいいトレッキングシューズか長靴が望ましい。また、整備されたコースを歩くにしても一歩踏み入れれば、そこは標高２０００ｍを超える原生林の中である。服装も登山ウェアかそれに準じた機能的なウェアを着用し、食料や飲料、雨具、防寒具、地図などの準備もしておきたい。

万全の準備を整えてコケの森を訪ねたなら、じっくりとルーペを覗き込もう。コケたちの微細な表情に息を呑むに違いない。

北八ヶ岳苔の会と観察会

北八ヶ岳苔の会HP
http://www.kitayatsu.net/

白駒池周辺に残る自然は、平成20（2008）年に日本蘚苔類学会により、「日本の貴重なコケの森」に認定された。これを受け、平成22（2010）年に、白駒池周辺の山小屋4軒と白駒池入口にある有料駐車場の経営母体である南佐久北部森林組合が、森とコケの保全を目的として、「北八ヶ岳苔の会」を発足させた。

参加代表者は全員が「日本蘚苔類学会」の会員で、年に数回、白駒池周辺のコケの森を訪ねる観察会を企画・実施している。

山小屋インフォメーション

青苔荘（せいたいそう）
営業：通年営業
電話：050-3703-2725
http://www.seitaisou.com/

麦草ヒュッテ
営業：通年営業
（不定休あり）
電話：090-7426-0036
http://www.mugikusa.com/

白駒荘
営業：4月下旬～1月上旬
（冬期要予約）
電話：090-1549-0605
http://yachiho-montblanc.com/shirakoma/

高見石小屋
営業：通年営業
電話：0467-87-0549
http://www.yatsu-akadake.com/takami-k.html

白駒池駐車場　営業：4月下旬～11月上旬　大型19台、普通車160台、二輪車15台駐車可能

カギカモジゴケ *Dicranum hamulosum*

■分類：シッポゴケ科／シッポゴケ属
■分布：北海道～九州、中国、極東ロシア

樹幹状に生育するセン類の代表種。「かもじ」とは添え髪のこと。茎は立ち上がり、密生するが枝分かれしない。葉は細長く、長さは5ミリほどで、ゆるく鎌状に曲がり、乾くと縮れて巻く。

生育環境：山地帯から高山帯の樹幹や倒木上、まれに林床の腐植土上に群落をつくる。

タカネカモジゴケ *Dicranum viride* var. *hakkodense*

■分類：シッポゴケ科／シッポゴケ属
■分布：北海道～九州

茎は1・5～2センチ。立ち上がり、密生するが枝分かれしない。葉は細長く、長さは3ミリほどで、乾燥しても縮れない。カギカモジゴケに似るが、小形で葉の先が折れやすいことなどで区別できる。

生育環境：山地帯から高山帯の樹幹上に芝状の群落をつくる。

ヨシナガムチゴケ

Bazzania yoshinagana

■分類：ムチゴケ科／ムチゴケ属
■分布：本州、四国、九州、中国

生育環境：亜高山帯に分布の本拠がある。腐植土、樹幹、岩の上にマット状の群落をつくる。

茎は這うか、斜めに立ち上がり、先端が二又状に分枝する。茎の腹面から下方に鞭状の枝を出す。和名はこの鞭状の枝に由来する。葉は長卵形で、先端に3つの歯がある。葉は乾燥すると腹側に曲がる。

タマゴバムチゴケ

Bazzania denudata

■分類：ムチゴケ科／ムチゴケ属
■分布：北海道～九州、北半球の冷温帯

生育環境：亜高山帯に分布の本拠がある。樹幹や倒木上にマット状の群落をつくる。

茎は這い、先端がほぼ等しく二つに枝分かれするので、全体としてY字状になる。茎の長さは2～3センチで、腹面からまばらに短い鞭状の枝を出す。葉は卵形で密に重なるが、もろくて落ちやすい。

ミヤマチリメンゴケ

Hypnum plicatulum

■分類：ハイゴケ科／ハイゴケ属

■分布：北海道～九州、朝鮮半島、極東ロシア、ヨーロッパ、北米

生育環境：高山帯に分布の本拠がある。樹幹や倒木上にマット状の群落をつくる。

茎は這い、規則的に羽状に枝を出す。植物体は全体で扁平気味になる。枝葉は下向きに強く曲がる。和名は植物体に光沢があり、葉がカールしている様子を「縮緬」に見立てたことに由来する。

ダチョウゴケ

Ptilium crista-castrensis

■分類：ハイゴケ科／ダチョウゴケ属
■分布：北海道、本州、四国、北半球

生育環境：高山帯に分布の本拠がある。腐植土上、ときに倒木上に生える。

植物体は大きく、長さ10センチほどになる。茎は斜めに立ち上がり、規則的に羽状に枝を出す。枝の長さは1センチ内外。葉は曲がり、先は細長く尖る。和名は全体をダチョウの羽に見立てたもの。

コバノスナゴケ

Racomitrium barbuloides

■分類：ギボウシゴケ科／シモフリゴケ属
■分布：北海道～九州、朝鮮半島、中国

生育環境：低地から亜高山帯の日当りのよい岩上に生育する。

茎は這い、羽状に発達して短い枝を出す。茎の長さは3～5センチ。葉は2～3ミリほどの長さで、乾くと縮れて巻く。中肋は1本で長い。植物体はつやのない黄緑色で、古い部分は茶褐色になる。

ウカミカマゴケ

Drepanocladus fluitans

■分類：ヤナギゴケ科／シメリカギハイゴケ属
■分布：北海道～九州、世界

生育環境：山地帯から亜高山帯の水中や湿地に生える。

茎は這うか、立ち上がり、わずかに枝分かれする。植物体は比較的大形で、光沢がある。葉は乾燥するとやや縮れるが、巻くことはない。葉は卵状披針形で、上半は次第に細くなり、葉先は軽く尖る。

クロゴケ

Andreaea rupestris var. *fauriei*

■分類：クロゴケ科／クロゴケ属
■分布：北海道～九州、朝鮮半島、中国

生育環境：高山帯に分布の本拠がある。日当りのよい岩上に団塊状の群落をつくる。

高山の代表的なセン類で、植物体は小さく、黒褐色。茎は立ち上がり、わずかに枝分かれする。茎の長さは1～2センチ。葉は卵形で重なり合って密につき、中肋はなく、乾くと茎に接着する。

セイタカスギゴケ *Pogonatum japonicum*

■分類：スギゴケ科／ニワスギゴケ属

■分布：北海道～九州、朝鮮半島、中国、極東ロシア

生育環境：亜高山帯に分布の本拠がある。登山道沿いの地上や明るい林床に群落をつくる。

茎は直立し、枝分かれしない。葉は茎から真横に広がる。日本産のスギゴケの仲間ではもっとも大きく、高さは8～20センチになる。和名は全形を「杉」の枝や芽生えに見立てたもの。

コセイタカスギゴケ

Pogonatum contortum

■分類：スギゴケ科／ニワスギゴケ属

■分布：北海道～九州、朝鮮半島、中国、極東ロシア、北米西部

生育環境：山地帯から亜高山帯の登山道沿いの地上や斜面に群落をつくる。

高さは4～10センチ。葉は細長く尖らず、ずんぐりしている。斜面に生えるものは植物体が垂れ下がり、房状になる。葉は乾くと著しく縮れる。雌雄異株で、雄は茎の先端に杯状の構造をつくる。

エゾスギゴケ

Polytrichum ohioense

■分類：スギゴケ科／スギゴケ属

■分布：北海道、本州、四国、中国、シベリア、ヨーロッパ、北米

生育環境：林内の腐植土上、ときに湿地に群生する。

茎は高さ2～5センチで、ときに枝分かれする。葉は卵形の鞘部から線状披針形にのびる。雌雄同株。オオスギゴケに似た蒴をもつが、薄板の端細胞の横断面は横に広く、上壁が厚いことで区別される。

フウリンゴケ

Bartramiopsis lescurii

■分類：スギゴケ科／フウリンゴケ属
■分布：北海道〜九州、極東ロシア、北米西部

生育環境：亜高山帯に分布の本拠がある。崖などの垂直な面の土上に群生する。

スギゴケの仲間の中では小形で繊細。倒れた木の根についた土の上にいち早く群生する。植物体は濃緑色で、垂れ下がる。和名は円錐形の蒴が風鈴のように下向きにぶら下がっている様子に由来する。

タチハイゴケ

Pleurozium schreberi

■分類：イワダレゴケ科／タチハイゴケ属
■分布：北海道〜九州、北半球

生育環境：亜高山帯に分布の本拠がある。林床の腐植土や倒木上に群生する。

針葉樹林の林床に生える代表的な種類。生えている場所により植物体の大きさや形がとても変化するが、一般に植物体は大形で光沢がある。茎は赤褐色で、這うか立ち上がり、不規則に枝を出す。

オオフサゴケ

Rhytidiadelphus triquetrus

■分類：イワダレゴケ科／フサゴケ属
■分布：北海道、本州、四国、北半球

生育環境：亜高山帯に分布の本拠がある。林内の腐植土上に群落をつくる。

植物体は大形で、茎は斜めに立ち上がり、羽状に枝を出し、高さ10センチ内外になる。茎につく葉は広卵形で、先は尖らず細長くのびる。中肋は2本で葉の中部近くまでのびる。

ムツデチョウチンゴケ *Pseudobryum speciosum*

■分類：チョウチンゴケ科／ムツデチョウチンゴケ属

■分布：北海道、本州、四国

生育環境：亜高山帯に分布の本拠がある。林床の腐植土や倒木上に群生する。

茎は立ち上がり、枝分かれせず、下部は褐色の仮根で覆われる。日本固有種で、和名の「六手提灯苔」は、1本の茎に複数の胞子体がつき、成熟した蒴が垂れ下がる様子を示している。

スジチョウチンゴケ

Rhizomnium striatulum

■分類：チョウチンゴケ科／ウチワチョウチンゴケ属
■分布：北海道〜九州、東アジア、ヒマラヤ

生育環境：山地帯から亜高山帯のやや日陰地の倒木や岩の上に生える。

茎は立ち上がり、枝分かれしない。茎の下部に茶褐色の仮根が密生する。軍配のような形をした葉が茎の上部にまとまってつき、上から見ると花びら状に見える。中肋は1本で長い。

エゾチョウチンゴケ

Trachycystis flagellaris

■分類：チョウチンゴケ科／コバノチョウチンゴケ属
■分布：北海道〜九州、東アジア、北米西部

生育環境：山地帯から亜高山帯のやや日陰地の倒木や岩の上に生える。

茎は立ち上がり、ほとんど枝分かれしない。茎の先端には多数の針状の小枝があり、折れやすく、栄養繁殖の手段となる。葉は楕円状披針形で、ふちには鋸歯がある。中肋は1本で、葉先にまでのびる。

ミヤマクサゴケ

Heterophyllium affine

■分類：ハシボソゴケ科／モリクサゴケ属

■分布：北海道、本州、四国、世界の温帯・熱帯（アフリカを除く）

生育環境：亜高山帯に分布の本拠がある。倒木上や樹幹などにマット状の群落をつくる。

茎は這い、規則的に羽状に枝を出す。葉は卵形で、細長く尖った先端部には明瞭な鋸歯がある。中肋は２本で短い。雌雄同株で胞子体をよくつける。明るい林床の倒木上に生育する代表的な種類。

キヒシャクゴケ

Scapania bolanderi

■分類：ヒシャクゴケ科／ヒシャクゴケ属
■分布：北海道、本州、四国、北米

生育環境：亜高山帯に分布の本拠がある。倒木上に光沢のある黄緑色の群落をつくる。

植物体の中央に、茎が黒っぽく透けて見える。茎は這い、ほとんど枝分かれしない。葉は背腹の二片に分かれて折りたたまれ、背片よりも腹片が大きい。葉は卵形で、ふちに鋸歯がある。

ヒカリゴケ

Schistostega pennata

■分類：ヒカリゴケ科／ヒカリゴケ属
■分布：北海道、本州（中部地方以北）、北半球

生育環境：亜高山帯に分布の本拠がある。岩の隙間や木の根元の穴の中などの土上に生える。

茎は立ち上がり、枝分かれしない。葉は茎の左右に二列につき、葉の基部が上下でつながっていて、全体が平面になる。胞子から発芽した原糸体の細胞が球形で、ごく弱い光を反射して黄緑色に光る。

ホソバミズゴケ

Sphagnum girgensohnii

■分類：ミズゴケ科／ミズゴケ属
■分布：北海道～九州、北半球

生育環境：亜高山帯に分布の本拠がある。湿り気のある林床や林縁の腐植土上に生育する。

植物体は細長く、15センチほどになり、黄緑色から緑色で赤くならない。茎は立ち上がり、ところどころから横に出る枝と茎に沿って下垂する枝を数本出す。茎葉は舌形で、先端がギザギザになる。

ヒメミズゴケ

Sphagnum fimbriatum

■分類：ミズゴケ科／ミズゴケ属
■分布：北海道、本州、世界

生育環境：低地から亜高山帯の湿り気のある林縁や湿地に生育する。

植物体は比較的小形で、ホソバミズゴケより繊細。色は薄い緑色。茎につく葉は舌形で、先端部は細かく裂け、扇状に広がる。ミズゴケ類の蒴は球形で上部に蓋があり、配偶体の偽足で持ち上げられる。

チシマシッポゴケ

Dicranum majus

■分類：シッポゴケ科／シッポゴケ属
■分布：北海道～九州、北半球

生育環境：亜高山帯に分布の本拠がある。林床の腐植土上に群落をつくる。

茎は立ち上がり、ほとんど枝分かれしない。葉は卵形の基部から細長く尖り、茎に対して同じ方向を向いている。イワダレゴケ、タチハイゴケとともに亜高山帯の主要なコケのひとつ。

ヒメハイゴケ

Hypnum oldhamii

■分類：ハイゴケ科／ハイゴケ属
■分布：北海道～九州、朝鮮半島、中国

生育環境：山地の半日陰地から日陰地の湿った地上や岩上にマット状に生える。

茎は這い、羽状に枝を出す。葉は基部が広く、卵状披針形。茎葉は中部から先にかけて強く鎌状に曲がり、やや中くぼみとなり、先端は細く尖る。葉縁の上部には小歯があり、中肋は2本で短い。

富士山のコケ

富士山最古の登山道である村山古道には、駿河湾からの上昇気流が育て上げた見事な緑の絨毯が広がっている。特に中宮八幡堂跡を過ぎ、富士山スカイラインと合流するまでは、静謐なコケの古道がつづいている。

標高の違いにより多彩なコケが観察できる

標高３７７６メートルの独立峰である富士山には、瞭然とした植物の垂直分布帯が見られる。

垂直分布は植生の変化とそれによってつくり出される相観の変化で区分されたもので、日本では一般的に標高８００メートル以下の照葉樹林域を低地帯、標高８００～１８００メートルの夏緑広葉樹林域を山地帯、標高１８００～２５００メートルの針葉樹林域を亜高山帯、標高２５００メートル以上を高山帯と区別する。

標高が低い山地帯にはスギやヒノキの人工林、それより少し上部にはブナやミズナラ、カエデ類の夏緑広葉樹林が発達していて、その

林床にはチョウチンゴケ科の種を中心とする群落が旺盛に生育している。

　亜高山帯の針葉樹林の林床には、イワダレゴケやタチハイゴケ、セイタカスギゴケなどの大型のコケが見られる。もちろんこれらは一例で、倒木上に発達するコケも多く、多彩なコケが生育している。

　さらに標高が高くなると、乾燥ストレスに耐性のある種が観察でき、山頂付近ではヤノウエノアカゴケなど10種類ほどのコケが観察できる。

　富士山におけるコケのいちじるしい植生は、主として北西側の原生林の森が広がる青木ヶ原に集中して見られ、次いで御殿場口の3～4合目周辺に多くの種類が認められる。

修験者が拓いた古道には緑の絨毯が敷き詰められている

　富士山でコケ見をするのであれば、はずしてはならないのが村山古道である。この古道は平安時代の末期に修験者たちが拓いた富士山最古の登山道で、駿河湾を望む田子ノ浦海岸を起点に、かつて東海道の宿場町だった吉原宿を抜け、富士修験道の聖地・村山を経由して富士山山頂へ至るという長いルートである。

　時代が下った明治39年、現在の富士山スカイラインのもとである大宮新道が開通したことで廃道となったが、近年、有志たちの努力によって復活した。とはいえ、人ひとりが通れるような細い登山道で、ハイキング気分で気軽に歩けるまでには整備されていない。案内看板も少ないので、登山の熟達者でなければ、単独で登るのは避けたほうがいいだろう。

　村山古道で無理をしないでコケが観察できるのは、中宮八幡堂跡から高鉢駐車場方面への分岐点あたりまでである。その先にも多彩なコケが見られるが、体力的にも厳しいので、高鉢駐車場方面への分岐点か、それより手前の富士山スカイラインの「10・8㎞」のプレートがある地点まで登ったら、引き返すのがおすすめである。

　スタートは標高約１２３０メートルの西臼塚駐車場で、北側にある大渕林道を15分ほど歩くと、左手に村山古道登山口と書かれた看板が木にくくりつけてあるのが見える。そこから登山道へ入り、20分ほどで中宮八幡堂跡に到着する。かつてここにはお堂があったようだが、いまは小さな祠があるだけである。

　その祠の手前を右へ進み、「日沢」を渡ると、そこから先はコケにおおわれた静謐な世界が延々とつづいている。

村山古道コケ見マップ

②駐車場の北側に大渕林道へつづくゲートがある。

①富士山スカイラインの西臼塚駐車場は標高約1230メートルにある。

③なだらかな下り坂の林道がつづく。

④15分ほどで村山古道との合流点に着く。木につけられたプレートが目印。

⑤村山古道は登山者が通った後にできる踏み跡でできた細い道がつづく。

⑥村山古道に入って20分ほどで中宮八幡堂跡に到着。

⑦小さな祠の手前を右へ進み、「日沢」へ下りていく。

⑧「日沢」と呼ばれるが、水は涸れている。

⑨「日沢」を渡るとふたたび上り坂になる。ここから先はコケむした細い古道が延々とつづく。

アオシノブゴケ

Thuidium glaucinum

■分類：シノブゴケ科／シノブゴケ属
■分布：北海道〜九州、アジア各地

生育環境：山地の木の根元、腐木の上などに生える。

茎は2回羽状に枝分かれする。似た種にヒメシノブゴケがあるが、それよりもほっそりとしていて、分枝もやや不規則で少ない。茎葉は長さ1・5ミリ程度で、葉の先端は尖る。枝葉は小さく、卵形。

オオギボウシゴケモドキ *Anomodon giraldii*

■分類：シノブゴケ科／キヌイトゴケ属
■分布：北海道〜九州、アジア各地

生育環境：半日陰地の樹幹や岩上に群落をつくる。

茎の長さは5センチ内外で、樹幹などの表面を横に這うものや、垂れ下がるもの、また、斜めに立ち上がるものがある。茎は不規則に枝分かれをし、葉は卵形で先は尖り、へりにはわずかに歯がある。

ナンブサナダゴケ

Plagiothecium laetum

■分類：サナダゴケ科／サナダゴケ属
■分布：北海道・本州・四国、北半球

生育環境：山地帯から亜高山帯のやや日陰の岩上や樹幹などの垂直な面に生える。

植物体は光沢のある濃緑色で、茎は這い、ほとんど枝分かれしない。葉は茎に平たくつくので、全体的に扁平な植物体になる。葉の長さは1～1・5ミリで、先は尖る。蒴の蓋はくちばし状に尖る。

ハナシエボウシゴケ

Dolichomitra cymbifolia var. *subintegerrima.*

■分類：トラノオゴケ科／トラノオゴケ属
■分布：本州～九州

生育環境：岩上や腐木上に群生する。

葉先が丸くて尖らず、その部分に名前の通り、歯がないことで基本種から区別される。基本種よりも普通に見られ、分布している範囲も広い。緑色で、やや光沢がある。

イワダレゴケ

Hylocomium splendens

■分類：イワダレゴケ科／イワダレゴケ属

■分布：北海道〜九州、北半球、ニュージーランド

生育環境：亜高山帯から高山帯の林床の岩や木の根元、倒木上に群落をつくる。

樹幹や岩上などにふかふかしたクッション状の群落をつくることが多いが、名前の通り垂れ下がるものもある。茎はアーチ形に曲がり、規則的に羽状に枝を出し、植物体は全体として階段状になる。

フトリュウビゴケ

Hylocomium brevirostre

■分類：ヒヨクゴケ科／イワダレゴケ属

■分布：北海道〜九州

生育環境：日陰の湿った岩上や地上に群落をつくる。

光沢があり、茎は不規則に羽状に分岐して、斜めに立ち上がるか、横にゆるく這う。茎や枝の表面には葉と共に枝分かれのある毛葉がつく。葉は丸く重なりあってつき、広卵形で先端は急に細く尖る。

フジノマンネングサ

Pleuroziopsis ruthenica

■分類：フジノマンネングサ科／フジノマンネングサ属
■分布：北海道、本州、四国、東アジア、北米北西部

生育環境：山地帯から亜高山帯の林床の腐植土や倒木の上に群落をつくる。

地中を這う地下茎から高さ4～8センチの茎が立ち上がり、2回または3回羽状に細かく枝分かれして上部は湾曲し、樹状となる。中肋は1本で長い。直立する茎は1年に一つできる。

フロウソウ

Climacium dendroides

■分類：コウヤノマンネングサ科／コウヤノマンネングサ属
■分布：北海道～九州、東アジア、ヨーロッパ、北米、ニュージーランド

生育環境：腐植土や岩の上、湿った土壌の上などに生育する。

茎は直立し、湿った場所では茎の基部から枝分かれすることもある。茎は2～3センチまで伸長することもあるが、乾いた場所では低くなる。植物体はヤシの木を小型にしたような外見をしている。

ジャゴケ

Conocephalum conicum

■分類：ジャゴケ科／ジャゴケ属

■分布：北海道～九州、北半球

生育環境：半日陰地から日陰地の湿った土壌や岩上などに群落をつくる。

人家のまわりから亜高山帯まで生育し、葉状体は幅1～2センチ、長さ3～15センチ前後で、2叉状に分岐する。葉状体の表面には六角形の区画がはっきりしていて、この中央に点状の気室孔がある。

コフサゴケ

Rhytidiadelphus japonicus

■分類：フサゴケ科／フサゴケ属
■分布：北海道～九州、樺太、朝鮮

生育環境：高地の林床にゆるい群落をつくる。

葉は緑色～黄緑色で光沢がある。茎は赤褐色でやや羽状に分岐する。茎葉は広い卵形、または横に広く、先は急に細く尖る。葉縁上部に細かい歯があり、中肋は2本で、ときに葉の中部にまで達する。

コクサゴケ

Dolichomitriopsis diversiformis

■分類：トラノオゴケ科／イヌエボウシゴケ属
■分布：北海道～九州、朝鮮

生育環境：山地の樹幹基部に淡緑色の密なマットをつくる。

第二次茎は不規則に枝分かれし、枝は葉を含めて幅1～1・5センチ。葉は卵形から卵状被針形で長さは1～2ミリ、先端は鋭頭で細かい歯がある。中肋は葉の中部以上に達し、ときに短い枝を出す。

ユミゴケ

Dicranodontium denudatum

■分類：シッポゴケ科／ユミゴケ属

■分布：北海道～九州、東アジア、ヨーロッパ、北米

生育環境：山地の日陰の岩上、腐木上や腐植土上に群生する。

葉は動物の毛並みのようなつやがあり、盆栽や庭園などに広く利用されている。茎は高さ1～2センチ。葉はやや光沢があり、乾くと弓のように大きく曲がり、ぽろぽろと抜け落ちる。

キヨスミイトゴケ

Barbella flagellifera

■分類：ハイヒモゴケ科／イトゴケ属

■分布：本州〜九州の太平洋岸、台湾、ベトナム、タイ

生育環境：湿度の高い渓谷などの樹枝から糸状に垂れ下がる。

植物体は細く、暗緑色〜黄緑色で、一次茎は這い、二次茎は長さ30センチまでに伸びて垂れ下がり、まばらに分枝する。茎や枝の基部の葉は大きく、やや扁平につくが、懸垂部の葉は小形で枝に接する。

タマゴケ

Bartramia pomiformis

■分類：タマゴケ科／タマゴケ属

■分布：北海道〜九州、北半球

生育環境：低地から亜高山帯までのやや日陰の岩や腐植土の上に群落をつくる。

タマゴケ属の中でもっとも広範に分布する種。茎は立ち上がり、枝分かれせず、赤褐色の仮根で覆われる。葉は披針形で、乾くと縮れて巻く。蒴は成熟すると茶褐色になる。名前は蒴の形に由来する。

トヤマシノブゴケ

Thuidium kanedae

■分類：シノブゴケ科／シノブゴケ属
■分布：北海道～九州、東アジア

生育環境：山地の半日陰地の岩や土、腐木の上に群落をつくる。

茎はゆるく這い、規則正しく2～3回羽状に枝を出す。枝はほぼ平面的に広がる。茎についている葉は卵形で大きく、先は細長く尖る。枝の葉は小さい。中肋は1本で太く、葉先近くまで伸びる。

屋久島のコケ

島面積の90パーセントが森に覆われ、古来の原生林をいまにとどめている屋久島は、ひと月に35日雨が降るといわれる。その湿潤な環境が多くのコケを育て、実に650種以上もの多彩なコケの仲間が報告されている。屋久島は、まさにコケのために用意された楽園である。

日本の自然が凝縮された
コケのサンクチュアリ

屋久島は約１４００万年前に花崗岩マグマが四万十層群の堆積岩中で固化して浮上したことで形成された孤島である。島の中央には九州の最高峰である宮之浦岳（１９３６ｍ）がそびえる山岳の島であり、洋上のアルプスとも呼ばれている。

周囲が約１３２㎞、直径が30㎞に満たない島ながら、海岸付近から山頂に向かって標高が高まるにつれて気候は亜熱帯から亜寒帯へと変化し、南北２０００㎞におよぶ日本列島の自然が凝縮されている。また、黒潮が運んでくる暖かい空気が山にぶつかって大量の雨を降らせることで、広葉樹や針葉樹

が混生する森が育まれている。

亜熱帯植物から亜寒帯植物が海岸線から山頂へと連続的に分布する植生の垂直分布が見られることは、樹齢１０００年を超える屋久杉が自生する神秘的な自然景観とともに国際自然保護連合（ＩＵＣＮ）に高く評価され、宮之浦岳を含む屋久杉自生林や西部林道付近など、島の面積の約21%がユネスコの世界遺産に登録される大きな要因になった。幅広い温度環境と日本一を誇る降雨量、そして島という隔離された条件が豊かで特殊な植物相を育み、現在、屋久島では１１３６種の種子植物と３８８種のシダ植物、そして、６５０種以上のコケが確認されている。まさに屋久島はコケのために用意された楽園であり、サンクチュアリなのだ。

アニメにも描かれた幽玄なコケの森

屋久島の代表的なコケ観察のスポットは、白谷雲水峡とヤクスギランドである。

白谷雲水峡は宮之浦川の支流・白谷川の上流にある自然休養林で、宮之浦から約12㎞、標高620mのところに入口がある。照葉樹林からヤクスギ林への移行帯に位置し、白谷川の両岸に広がる樹林の距離がやや離れているため、適度な光が入り込み、渓流沿いの岩上や樹幹などにはヒノキゴケやオオミズゴケ、ウツクシハネゴケなど屋久島のコケの代表種が生育している。

林内には装備と体力にあわせて弥生杉コース（1時間）、奉行杉コース（3時間）、そして、標高1050mの太鼓岩まで登る太鼓岩往復コース（4時間）が設けられている。長く歩けば、それだけ多くのコケが見られるが、弥生杉コースを周遊するだけでも主要なコケを観察することができるし、コケの森の魅力を十分堪能することができる。

たとえば二代大杉の下の小谷はヤクスギの倒木と岩塊で埋め尽くされ、その表面をコケが覆っていて、文字通り緑の絨毯を広げた風景に出会える。

アニメ映画『もののけ姫』では白谷雲水峡の森を描いているシーンがあるが、林内を歩いていると、いたるところで映画の舞台イメージの源泉になったと思われる幽玄な美しさに出会える

屋久杉の森を回復させるコケ

ヤクスギランドは安房から約15㎞、標高約1000～1300mに広がる自然休養林で、その名の通り数多くの屋久杉が鑑賞できる島内一のスポットである。270ha

におよぶ広大な森で、30分・50分・1時間20分・2時間30分の4つのコースが設定されている。30分・50分コースには木道や石張歩道などが整備されていて歩きやすいが、1時間20分・2時間30分コースは登山道なので、装備と体力に注意する必要がある。

森の中に入ると、大木の記憶を宿した巨大な切り株や、いまなお野生のまま生息している太古の巨大杉が現れる。屋久杉は、その昔にはご神木としてあがめられ伐採されることはなかった。しかし、16世紀半ば頃から島津氏によって伐採が始まり、明治になるまでに良木のほとんどが伐採された。その後、屋久杉の原生林が天然記念物に指定されたり、国立公園に編入されるなどの経緯はあったが、伐採事業が終了したのは平成13(２００１)年のことである。

巨大な屋久杉の切り株の切り口や樹幹にはヒロハヒノキゴケが生育している。このコケは屋久杉や花崗岩などの酸性基質を好むようで、屋久島の森の景観はこの種が成立させているといえなくもない。

伐採跡地には屋久杉の稚樹が成長し、３００～４００年を経て二次林を形成し、三次林となっている林分も広い。森が回復するためには、水を貯えるコケが必要不可欠である。林床にコケが生え、微生物やバクテリアが繁殖し、土を豊かにする。森の地表面や倒木を覆う緑濃いコケを見ていると、彼らは屋久島の生命線なのだとあらためて知らされる。

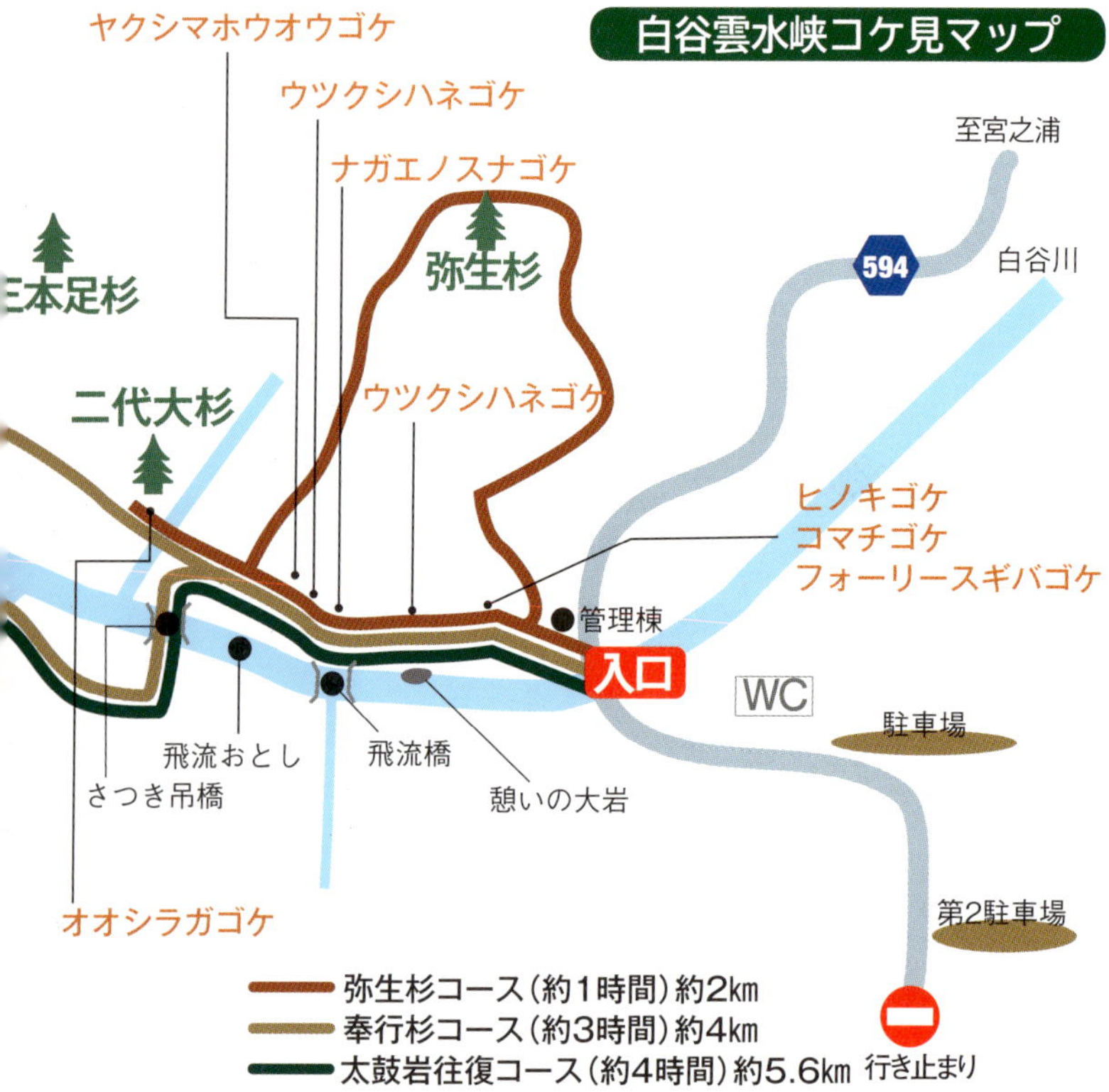
白谷雲水峡コケ見マップ
ヤクシマホウオウゴケ
ウツクシハネゴケ
ナガエノスナゴケ
弥生杉
三本足杉
二代大杉
ウツクシハネゴケ
至宮之浦
594
白谷川
ヒノキゴケ
コマチゴケ
フォーリースギバゴケ
管理棟
入口
WC
駐車場
飛流おとし
さつき吊橋
飛流橋
憩いの大岩
第2駐車場
オオシラガゴケ
行き止まり
弥生杉コース（約1時間）約2㎞
奉行杉コース（約3時間）約4㎞
太鼓岩往復コース（約4時間）約5.6㎞

入口から歩くとほどなく「憩いの大岩」と呼ばれる巨大な花崗岩が見えてくる。白谷雲水峡の入口ともなるスポットで、この岩を超えて雲水峡の森へ出入りする。

二代大杉

伐採されて切り株となった一代目の杉の上に二代目の杉が成長した「二代大杉」。樹高32m、胸高周囲4・4mで樹幹の中は空洞になっている。

びびんこ杉
三本槍杉
奉行杉
ヒノキゴケ
ヤクシマホウオウゴケ

二代くぐり杉
至トロッコ道経由
大株歩道・縄文杉
七本杉
WC
くぐり杉
ホウライスギゴケ
辻峠
苔むす森
女神杉
太鼓岩

花崗岩の節理に添ってできた「飛流おとし」。落差は約40mで、雨が降っている日やその翌日には流量が増して激しい水しぶきが上がる。

白谷雲水峡へのアクセス

路線バス：宮之浦～白谷雲水峡線で終点、白谷雲水峡下車
（宮之浦～白谷雲水峡線は12月1日～2月末日まで運休）
入林協力金：300円（高校生以上）　駐車場：20台

※地図上にコケの名前が示してあるポイントは、取材時に撮影した場所です。ほかの場所にも生育しています。また、コケは環境の変化に応じて棲み分けるため、経年とともに生育場所が変わったり消えてしまうこともあります。

ヤクスギランドコケ見マップ

- ふれあいの径コース（約30分）約0.8㎞
- いにしえの森コース（約50分）約1.2㎞
- つつじ河原コース（約1時間20分）約2.0㎞
- やくすぎ森コース（約2時間30分）約3.0㎞

幹は空洞化し、樹表は瘤だらけで圧倒的な存在感がある仏陀杉。樹幹にはヒロハヒノキゴケが着生している。

ヤクスギランドへのアクセス

路線バス：宮之浦～ヤクスギランド線で終点、ヤクスギランド下車
（宮之浦～ヤクスギランドは12月1日～2月末日まで運休）
入林協力金：300円（高校生以上）　駐車場：40台

※地図上にコケの名前が示してあるポイントは、取材時に撮影した場所です。ほかの場所にも生育しています。また、コケは環境の変化に応じて棲み分けるため、経年とともに生育場所が変わったり消えてしまうこともあります。

ヤクスギランドの北に位置する標高1497mの太忠岳。山頂には高さ40mの巨岩・天柱石が天を指し示すように立っている。

太《た》忠岳《ちゅうだけ》
天文の森
携帯トイレブース
ひげ長老
天柱橋
天柱杉
母子杉
三根杉
キダチヒラゴケ
フォーリースギバゴケ
苔の橋
荒川橋
至 花之江河
(日帰り不可)
つつじ河原
仏陀杉
沢津橋
ウツクシハネゴケ
キリシマゴケ
ホウライスギゴケ

「苔の橋」のたもとには東屋があり、花崗岩上に旺盛に生育している数種類のコケや清流の流れを眺めながら一息入れられる。

YNAC インフォメーション

YNAC（屋久島野外活動総合センター）

住所：鹿児島県熊毛郡屋久島町宮之浦368-21　電話：0997-42-0944

HP：http://www.ynac.com/half_day.html

ガイドと歩く「コケさんぽ」

屋久島のコケ観察は、登山地図やガイドブックを片手に一人でもできる。しかし、初心者は、屋久島を知り尽くしたガイドが案内してくれるエコツアーに参加することをおすすめする。

どこにどんなコケが生育しているのか。そのコケの特徴はなにか。ガイドと歩けば、太古の息吹あふれる巨木や森を覆う濃緑のコケの解説が聞けて、屋久島の多様性に富んだ植物相について深く知ることができる。また、装備などについてもアドバイスしてくれるので、安全で快適な「コケさんぽ」が満喫できる。

BOOK

屋久島のコケを知るガイドブック

屋久島に生息する主要種を、肉眼でも見分けやすい種を中心に紹介したガイドブック。本書を片手に「コケさんぽ」に出かければ、知識も楽しさも倍増する。購入方法は、（財）屋久島環境文化財団のホームページを参照。

『屋久島のコケガイド』

伊沢正名・木口博史・小原比呂志

（財）屋久島環境文化財団

500円＋税

HP　http://www.yakushima.or.jp/

オオミズゴケ

Sphagnum palustre

■分類：ミズゴケ科／ミズゴケ属
■分布：北海道～九州、世界中

生育環境：山地の湿った地上や中間湿原に群落をつくる。

茎の長さは10センチ以上で、頂端付近に多くの枝が集まる。枝葉は鱗状につく。白緑色の柔らかいコケで、乾燥するとさらに白くなる。湿地のコケだが、雨が多い屋久島では林内にも生育している。

ホウライスギゴケ

Pogonatum cirratum

■分類：スギゴケ科／ニワスギゴケ属
■分布：本州～九州、中国、東南アジア

生育環境：山地の林下の地上または岩上に群生する。

茎は高さ3～10センチで枝分かれしない。葉の鞘部はやや広く、線状披針形にのび、乾くと弱く縮れて巻く。屋久島ではより標高の高いヤクスギ帯によく似たコセイタカスギゴケが生育している。

ホウオウゴケ

Fissidens nobilis

■分類：ホウオウゴケ科／ホウオウゴケ属
■分布：北海道〜琉球、小笠原、極東ロシア、アジアの温帯〜熱帯、オセアニア

大形のコケで、茎は2〜9センチ。上部の葉は披針形で先端は尖る。葉は左右2列に規則正しく並ぶため、植物体は扁平になる。和名は架空の鳥「鳳凰」の尾をイメージさせることに由来する。

生育環境：渓流近くの湿った岩上または地上に群落をつくる。

ヤクシマホウオウゴケ

Fissidens polypodioides

■分類：ホウオウゴケ科／ホウオウゴケ属
■分布：本州〜琉球、アジア、北米、南米の熱帯〜亜熱帯

ホウオウゴケに比べれば植物体全体はやや小さく、茎の長さは7センチまで。葉は長楕円状披針形で、葉先は丸く、先端中央部が突出する。雌雄異株だが、胞子体も雄植物も見つかっていない。

生育環境：森林内の日陰の岩上や地上に生える。

ヤマトフデゴケ

Campylopus japonicus

■分類：シッポゴケ科／ツリバリゴケ属
■分布：北海道～琉球、中国、朝鮮半島

茎は長さの変異が大きく、2～6センチ。葉は乾いても縮れず、針状にのびる。屋久島のものはしばしば葉が茎からはずれる。繁殖力が強く、はずれた葉から再生してたちまち裸地一面を覆い尽くす。

生育環境：低地から亜高山帯のやや乾いた岩上や地上に群生する。

ナガエノスナゴケ

Racomitrium atroviride

■分類：ギボウシゴケ科／シモフリゴケ属
■分布：北海道～九州、朝鮮半島、台湾、東南アジア

大形で長さ10センチに達し、茎は這うか斜上し、やや分枝する。

枝は長い。葉は光沢のない黄緑色～緑褐色。卵状披針形で、上部で狭まって細くのびる。乾くと茎に密着し、湿ると開く。

生育環境：低山～亜高山帯の日当りのよい岩上や転石上に生育する。

アラハシラガゴケ

Leucobryum bowringii

■分類：シラガゴケ科／シラガゴケ属

■分布：北海道～琉球、アジアの熱帯～亜熱帯

生育環境：山地の地上、腐木上や岩上に群生する。

茎は長さ2～3センチ。葉は長さ10ミリ前後。披針形～線形で細長く、やや絹のような光沢があり、しばしば屈曲する。平たく大きな群落をつくるが、ときどき饅頭のような塊をつくることがある。

オオシラガゴケ

Leucobryum scabrum

■分類：シラガゴケ科／シラガゴケ属

■分布：本州～琉球、中国、アジアの熱帯

生育環境：山地の林下の岩上や地上に生える。

大形で茎は長さ5センチ以上になり、横に這うことが多い。葉は白緑色で光沢がない。この仲間は断面中央部の細胞にだけ葉緑体があり、周辺の細胞にはないために白く見える。和名は「白髪」に由来する。

ケチョウチンゴケ

Rhizomnium tuomikoskii

■分類：チョウチンゴケ科／ウチワチョウチンゴケ属
■分布：本州～九州、極東ロシア、中国、ヒマラヤ

生育環境：渓流近くの湿った岩上や腐木上に生える。

茎は長さ1～3センチで直立し、葉は団扇のような丸みがある。黒褐色の仮根がしばしば葉の上まで広がり、やがて無性芽になる。ただし新芽には仮根がない。乾燥すると縮れ、全体に黒褐色になる。

コチョウチンゴケ

Mnium heterophyllum

■分類：チョウチンゴケ科／チョウチンゴケ属
■分布：北海道～九州、中国、ヒマラヤ、ヨーロッパ

生育環境：岩上や腐木上、広葉樹の樹幹下部などに生える。

茎の長さはふつう1～2センチで、比較的少数の葉をつける。葉は卵状披針形～披針形で、長さは3・5ミリ以下。上半に単性または双性の歯が並ぶ。葉縁下部の歯は単性。中肋は葉先より下で終わる。

ヒロハヒノキゴケ *Pyrrhobryum spiniforme* var. *bandakense*

■分類：ヒノキゴケ科／ヒノキゴケ属
■分布：本州～琉球、中国、東南アジア

ヒノキゴケに似るがやや小形で、茎の長さは5センチ程度。蒴柄が茎の根元から出ることと、仮根が少ないことでヒノキゴケと区別できる。屋久島では杉の根元に見られるコケはほとんどがこの種類。

生育環境：林内の岩上や杉の根元、倒木上などに群生する。

ヒノキゴケ *Pyrrhobryum dozyanum*

■分類：ヒノキゴケ科／ヒノキゴケ属
■分布：本州～琉球、朝鮮半島、中国

茎は長さ5～10センチで、中部以上まで仮根に覆われる。葉は針状に細く尖り、密につく。中肋は葉先に届き、背面に鋭い歯が並ぶ。イタチの尾に似ていることから、イタチノシッポという別名もある。

生育環境：林下の腐植土や沢沿いの湿った腐木上に生える。

キダチヒラゴケ

Homaliodendron flabellatum

■分類：ヒラゴケ科／キダチヒラゴケ属
■分布：本州〜琉球、朝鮮半島、中国、熱帯アジア

生育環境：日当りが悪く、湿度が高い渓谷の樹幹や岩上に生える。

茎は長さ10センチほどに達し、上部で2〜3回平らに羽状に分枝する。葉は茎に扁平について平らな樹状になり、全体が団扇状になる。葉は淡緑色〜灰緑色で光沢があり、乾いても縮れない。

キリシマゴケ

Herbertus aduncus

■分類：キリシマゴケ科／キリシマゴケ属
■分布：北海道〜琉球、北半球

生育環境：山地の日当りのよい岩上や樹幹、腐木上に生育する。

茎は長さ3〜10センチで、やや光沢のある緑褐色。よく分枝して立ち上がり、羽状になる。葉はV字形に2裂し、乾燥すると鎌状に曲がる。屋久島のキリシマゴケは他の地域のものよりも人形になる。

スギバゴケ

Lepidozia vitrea

■分類：ムチゴケ科／スギバゴケ属
■分布：本州～琉球、東アジア

生育環境：低地の地面や岩上、倒木上などに生育する。

茎は倒伏し、長さ1・5～4センチ。羽状に分枝し、枝の先端はときにさらに2～3の枝を出し、鞭状にのびることがある。とくに西南日本の渓谷で見かけられる。葉は離在して斜めにつき、四角形。

フォーリースギバゴケ

Lepidozia fauriana

■分類：ムチゴケ科／スギバゴケ属
■分布：南九州、琉球、東アジア～東南アジア

生育環境：日当りの悪い湿った岩上や腐植土上に生育する。

スギバゴケに似るが、茎の長さは10センチに達し、径は約0・5ミリと大きい。葉は横から斜めにつき、著しく離在するため、一見すると葉がないように見える。ふんわりとした大きな群落をつくる。

アブラゴケ

Hookeria acutifolia

■分類：アブラゴケ科／アブラゴケ属
■分布：北海道～琉球、小笠原、東アジア、北米、南米、ハワイ

生育環境：日当りの悪い林下の湿った地上や岩上に生える。

茎は這い、わずかに分枝し、長さは5～6センチに達する。葉は5列について重なり合い、白緑色。卵形で葉先は尖る。和名は葉の表面が油を塗ったようにてらてらと光っていることに由来する。

クモノスゴケ

Pallavicinia subciliata

■分類：クモノスゴケ科／クモノスゴケ属
■分布：本州～琉球、東アジア

生育環境：低地の渓谷の地面や岩上や地上、倒木上に生育する。

葉状体は匍匐し、長さ3～6センチ、幅4～6ミリ。細長い帯状で二叉に分かれてのび、しばしば先端が細く尖る。和名は葉状体がのびて先端にまた葉状体をつけ、クモの巣状の群落をつくることに由来する。

コムチゴケ

Bazzania tridens

■分類：ムチゴケ科／ムチゴケ属
■分布：本州〜琉球、小笠原、東アジア〜東南アジア

生育環境：常緑樹林の林床や岩上、樹幹に生育する。

茎は這い、二叉状に分枝を繰り返し、長さは1~5センチ。茎の腹面から長い鞭状の枝を出す。葉は重なり合って密につき、先端は全縁~波状縁。乾くと白く見え、シロムチゴケの別名がある。

ヒメシノブゴケ

Thuidium cymbifolium

■分類：シノブゴケ科／シノブゴケ属
■分布：北海道〜琉球、小笠原、アジアの熱帯〜亜熱帯

生育環境：渓谷近くの岩上や地面に群落をつくる。

茎は横に這い、羽状に平らに分枝する。茎や枝の表面には小さな葉状、あるいは毛葉が密につく。葉縁は全縁で、中肋は先端に達する。和名のシノブゴケは、姿がシダ植物のシノブに似ることによる。

チャボヒシャクゴケ

Scapania stephanii

■分類：ヒシャクゴケ科／ヒシャクゴケ属
■分布：本州～琉球、東アジア

生育環境：低地の湿った岩上に生育する。

赤色を帯びる。茎の長さは1～2センチ。葉は接在し、広く開出する。葉先は円頭～やや鋭頭で、葉縁には小さな鋸歯がある。和名は花披が平たい袋状になり、柄杓に似ていることに由来する。

オオウロコゴケ

Heteroscyphus coalitus

■分類：ウロコゴケ科／ウロコゴケ属
■分布：北海道～琉球、東アジア～オーストラリア

生育環境：低山地の湿った岩上や土上、ときに水中に群生する。

茎は長さ2～6センチ。側面および腹面から分枝し、葉は重なってつく。腹葉の基部に仮根をつける。葉は矩形で、先が切頭でふつうは両肩に各1個の歯があるが、水辺のものは欠くことがある。

ウツクシハネゴケ

Plagiochila pulcherrima

■分類：ハネゴケ科／ハネゴケ属
■分布：高知県、南九州、琉球

生育環境：日当りが悪く湿度が高い沢の樹幹に群生する。

茎は基物から立ち上がり、長さは5~10センチで表面は長毛で覆われる。細かい枝を扁平に規則正しく羽状に出し、全体としてクジャクが羽を広げたような形になる。屋久島を代表するコケの一つ。

コマチゴケ

Haplomitrium mnioides

■分類：コマチゴケ科／コマチゴケ属
■分布：本州～琉球、東アジア

生育環境：常緑樹林帯の日当りが悪い湿った地面や倒木上に生育する。

茎は斜上するか立ち上がり、長さは約2センチになる。仮根はない。雌雄異株で雄株は茎の先端に花のような造精器をつける。和名は株立ちが女性的で美しいことから小野小町になぞらえたもの。

エゾミズゼニゴケ

Pellia neesiana

■分類：ミズゼニゴケ科／ミズゼニゴケ属
■分布：北海道～九州

生育環境：沢筋の湿った地面や岩上に生育する。

葉状体は幅1センチ弱、長さが2～5センチになり、扁平で縁は少し波打ち、重なり合って生える。葉の表面は平滑で、ジャゴケやゼニゴケ類のような模様はない。春に見られる蒴は球形で、4つに裂ける。

トサノゼニゴケ

Marchantia emarginata subsp.*tosana*

■分類：ゼニゴケ科／ゼニゴケ属
■分布：本州（福島県以南）～琉球、東アジア～インドシナ

生育環境：常緑樹林帯の日当りのよい湿った土上や岩上、石垣などに生育する。

葉状体は幅3～4ミリ、長さ2～3センチ。暗緑色で表面に小さな気孔がある。しばしば円盤形の無性芽が入った杯形の無性芽器をつける。雌株には5～10に裂けた雌器床と柄があり、ヤシの木形になる。

ヤクシマミズゴケモドキ *Pleurozia subinflata*

■分類：ミズゴケモドキ科／ミズゴケモドキ属
■分布：屋久島、東アジア～東南アジア、ハワイ

生育環境：日当りのいい渓谷の樹幹や枝などに着生する。

茎は長さ3~5センチ。腹片は長さ3~4ミリ、幅1・5~2ミリ。植物体の基部の葉は、しばしば赤紫色を帯びる。

国内の産地は屋久島のみで、近年は個体数が減少している。

ヒメミズゴケモドキ *Pleurozia acinosa*

■分類：ミズゴケモドキ科／ミズゴケモドキ属
■分布：屋久島、台湾、東南アジア

生育環境：湿った森林中の木の枝に着生する。

茎は長さ1~3センチ。腹片は舌状で、長さ0・8~2ミリ、縁が全縁で内曲し、円頭。

国内の産地は屋久島のみで、ミズゴケモドキの仲間は、屋久島以外ではなかなか目にする機会が少ない。

オオサワラゴケ

Mastigophora diclados

■分類：オオサワラゴケ科／オオサワラゴケ属
■分布：和歌山県、高知県、南九州、奄美大島、
中南米を除く熱帯

生育環境：湿性常緑樹林の林床や岩上などに密で大きなマットをつくる。

茎は直立するか斜上し、長さ3～7センチ。側面で1～2回羽状に分枝し、枝の先端はしばしば鞭状になり、表面に毛葉がある。仮根は少ない。葉は重なり、茎の横に倒瓦状につき、扁平に展開する。

タカサゴサガリゴケ

Pseudobarbella levieri

■分類：ハイヒモゴケ科／ツヤタスキゴケ属
■分布：本州（神奈川県箱根以西）～
琉球、中国、タイ、ヒマラヤ

生育環境：日当りがよく湿度が高い山地の樹木から下垂する。

植物体は光沢があり、木の枝などから糸状に垂れ下がる。茎は不規則に羽状に分枝し、長さ10センチ以上。枝は長さ約1センチ。葉は扁平につき、葉先は細く尖り、葉縁には明瞭な歯が基部近くまである。

ヤクシマタチゴケ

Atrichum yakushimense

■分類：スギゴケ科／タチゴケ属
■分布：北海道〜九州、中国

生育環境：山地の半日陰地の湿った岩上にまばらに生える。

本属としては小形で、茎の長さは１センチ以下。葉はややまばらで、長さ８ミリ以下。広楕円状舌形で、中央より上がもっとも幅広い。屋久島で発見された標本に基づき１９３６年に新種として発表された。

ヤクシマゴケ

Isotachis japonica

■分類：ヤクシマゴケ科／ヤクシマゴケ属

■分布：屋久島、東アジア～東南アジア

生育環境：明るい道路脇の水の滴る花崗岩質の崖や土上に生育する。

茎は斜上し、長さ2～6センチ。葉は黄緑色だが、しばしば紅色～暗紫色になる。葉は重なり合ってつき、葉縁には数個の歯がある。1909年にフォーリーが屋久島で採取した標本をもとに新種として発表された。

日本蘚苔類学会選定の「日本の貴重なコケの森」

（本コーナーは「日本蘚苔類学会」のホームページを参照し、作成しています。全国に25ヶ所ある「日本の貴重なコケの森」の中から20ヶ所を紹介しています。）

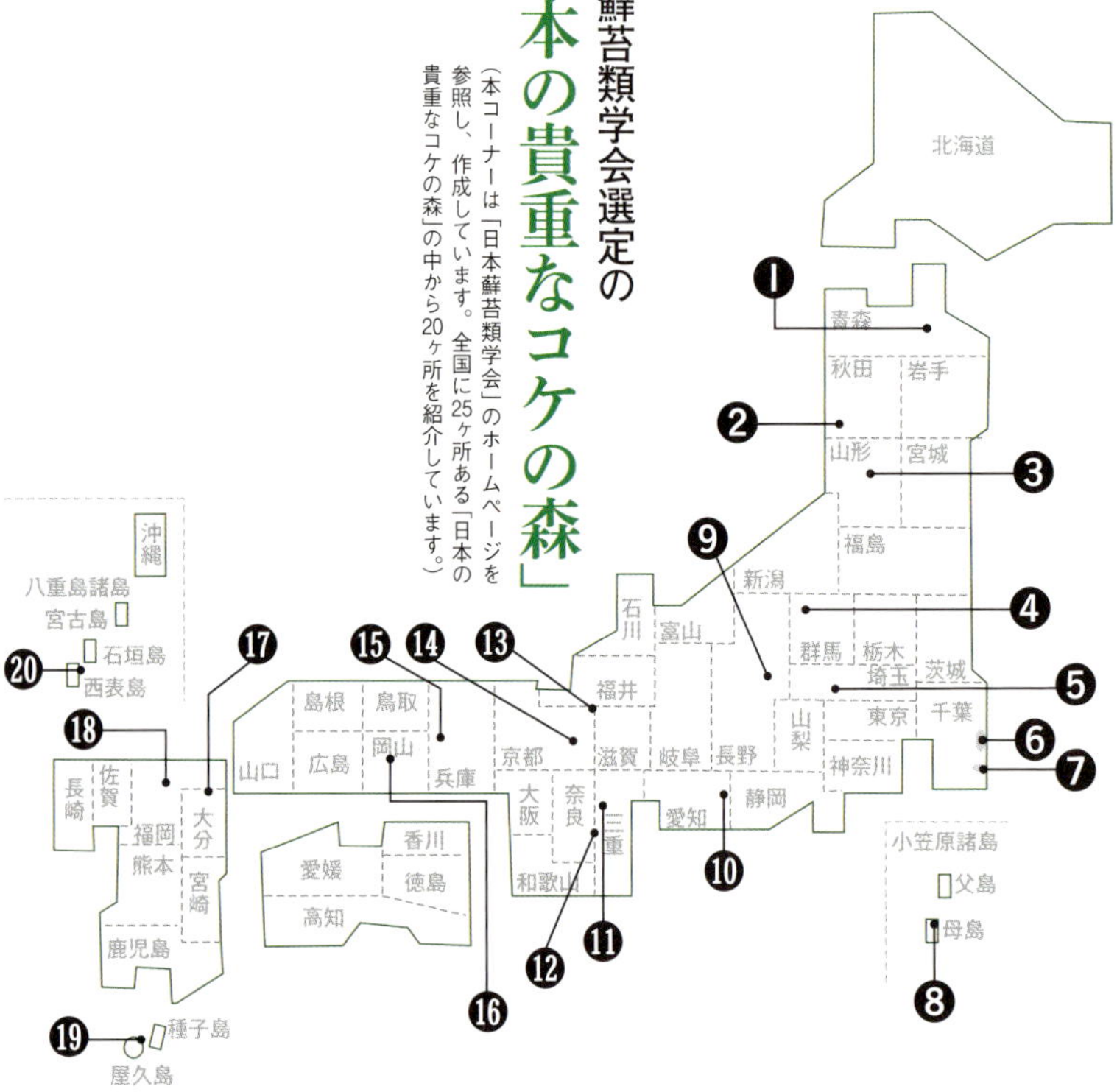

日本には世界のコケの約1割にあたる1800種以上が知られ、世界でも有数のコケの豊かな国である。

清澄な水が流れる場所には多くのコケが生育し、その周辺一帯は自然度がとりわけ高いことを示している。

そんなコケの生育環境を守ることを目的に、日本蘚苔類学会では、貴重な種や多くの種をはぐくむエリア全体を「コケの森」と呼び、その中でもとりわけ貴重で重要な場所を「日本の貴重なコケの森」として選定している。

全国に25ヶ所ある「日本の貴重なコケの森」は訪ねることもできる。マナーを守り、日本各地にあるコケが豊富で美しい森を訪ねてみてはいかがだろうか。

①奥入瀬《おいらせ》渓流流域

所在地：青森県十和田市と秋田県鹿角郡小坂町にまたがる十和田湖を源流とする奥入瀬川の十和田湖畔渓流沿いの岩上に、タマゴケ、コツボゴケ、コバノスナゴケ、スギゴケなど多彩なコケが見られる。

②獅子ヶ鼻《ししがばな》湿原

所在地：秋田県にかほ市象潟町中島台

ブナの巨木に囲まれた湧水群で、水路や湧水池の底には水生のタイ類が繁茂している。稀産種のハンデルソロイゴケやヒラウロコゴケの塊は直径1m以上に達し、「鳥海マリモ」と地元で称されている。

③月山弥陀ヶ原《がっさんみだがはら》湿原

所在地：山形県東田川郡庄内町

月山の北斜面、標高1400～1600mのなだらかな台地に広がる弥陀ヶ原には大小多数の池塘《ちとう》（湿原の泥炭層にできる池沼）があり、ミズゴケ類の旺盛な生育が見られる。

④チャツボミゴケ公園

所在地：群馬県中之条町六合地区入山

硫黄泉の近くなどの酸性泉の環境を好むチャツボミゴケが広範囲に群落をつくり、国内屈指の群生地になっている（64～71ページ参照）。

⑤黒山三滝と越辺川《おっぺがわ》源流域

所在地：埼玉県入間郡越生町黒山

渓谷の湿った岩場に生育するミドリホラゴケモドキの基準標本の産地で、同じ岩場にはツガゴケをはじめ、トサハネゴケ、ニセヤハズゴケなど南方系のコケが多く生育している。埼玉県内では最も暖地性蘚苔類が多い地域。

⑥成東《なるとう》・東金《とうがね》食虫植物群落

所在地：千葉県山武市および東金市

オオカギイトゴケとモグリゴケの世界で唯一の生育地。関東平野の低地に残された数少ない湿地として知られ、コモチミドリゼニゴケやミヤコノッチゴケなども生育する貴重な場所になっている。

⑦清澄山 東京大学千葉演習林

所在地：千葉県鴨川市および君津市

清澄山はキヨスミイトゴケの名前の由来となった場所で、南方系要素のコケが数多く生育し、分布の北限、または北限近くとしている種が数多く報告されている。また、環境省選定、千葉県選定の絶滅危惧種が多く生育している。

⑧乳房山

所在地：東京都小笠原支庁小笠原村母島

標高４６３ｍの乳房山の林内の腐木上には小笠原固有のセン類であるムニンシラガゴケの群落が見られる。標高４００ｍを越えたあたりからは絶滅危惧種に指定されているオガサワラキブリツノゴケが出現し始め、山頂付近の一部には同じく絶滅危惧種に指定されているキノボリツノゴケも生育している。

⑨八ヶ岳白駒池周辺の原生林

所在地：長野県南佐久郡佐久穂町及び小海町

白駒池周辺はコメツガやシラビソなどの亜高山性針葉樹林に覆われており、林床にはコケ植物の旺盛な生育が見られる(72～97ページ参照)。

⑩鳳来《ほうらい》寺《じ》山《さん》表参道登り口一帯の樹林地域

所在地：愛知県新城市

ヤマトハクチョウゴケをはじめ、コキジノオゴケ、コバノイクビゴケ、イバラゴケ、タチチョウチンゴケ、クマノゴケ、キブネゴケなどの希少種のセン類が見られ、渓流に沿った林内には多彩なコケ植物が生育している。

⑪赤目四十八滝

所在地：三重県名張市赤目町長坂、三重県宇陀郡曽爾村伊賀見

多数の希少種が生育しているわけではないが、「日本の滝百選」や「森林浴の森百選」にも選ばれていて、コケ植物が織りなす美しい景観が広がっている。

⑫大台ヶ原

所在地：奈良県吉野郡上北山村

多様な立地のもとに多彩なコケ植物の生育が見られ、希少種も多数生育している。

台地状地域だけでも約３５０種、山域全体では６５０種を超えるコケ植物を数える。

⑬芦《あし》生《う》演習林

所在地：京都府南丹市美山町芦生

近畿地方で最も山地自然林が残されている地域で、日本海側に分布する希少種や北方系の種が多数生育している。少人数であれば、観察のための入林許可は容易に得られる。

⑭京都市東山山麓

所在地：京都府京都市左京区浄土寺～北白川

都市部近郊としてはコケ植物が旺盛に生育していて、歴史的景観とともに固有の風景を形成している。また、

南禅寺、法然院、銀閣寺はコケ庭の観賞価値が高い。

⑮船越山池ノ谷瑠璃寺境内・参道ならびに「鬼の河原」周辺

所在地：兵庫県佐用町

瑠璃寺の参道沿いはキヨスミイトゴケやソリシダゴケなどの懸垂性のハイヒモゴケ科のセン類が多く見られ、ヒロハシノブゴケなどの絶滅危惧種が生育している。また、風穴周辺はイイシバコハネゴケやハイスギバゴケ、クモタマゴケなどが生育し、低地としては特異な蘚苔類相が見られる。

⑯羅生門ドリーネ

所在地：岡山県新見市草間

セン類は128種、タイ類は39種が報告されていて、その中には羅生門の標本をもとに新種発表されたセイナンヒラゴケ、イギイチョウゴケをはじめ、絶滅危惧Ⅱ類とされているレイシゴケ、ホソバツヤゴケ、イギイチョウゴケなどが含まれている。

⑰中《なか》津《つ》市《し》深《しん》耶《や》馬《ば》溪《けい》うつくし谷

所在地：大分県中津市深耶馬溪

渓谷に沿う森林は一部に植林されたスギが立つものの、モミやツガなどの針葉樹とカエデ類などの広葉樹が混生する自然林が成立し、大分県屈指のコケ植物の生育地であり、多くの研究者の観察地とされてきた。

⑱古《こ》処《しょ》山《さん》

所在地：福岡県嘉麻市

標高700m付近から頂上にかけて石灰岩地となっていて、岩上にはキヌシッポゴケ属のセン類やクラマゴケモドキ属のタイ類など、好石灰岩性のコケ植物が生育している。また、山頂付近のツゲ林にはキヨスミイトゴケなどの懸垂性のセン類が豊富に生育している。

⑲屋久島コケの森

所在地：鹿児島県屋久島町

屋久島には白谷雲水峡やヤクスギランド（118～147ページ参照）、小杉谷、花之江河湿地など著名な場所がいくつも知られているが、屋久島コケの森はそれ以上にコケ植物が豊富で、希少種が多数生育している。

⑳西《いり》表《おもて》島《じま》横《おう》断《だん》道《どう》

所在地：沖縄県八重山郡竹富町西表島

西表島には約30種の固有種や、分布の南限とされるコケ植物が知られ、当該地域にはこれらの種が豊富に生育している。また、環境省および沖縄県版のレッドリストに掲載されている47種が生育し、学術的に非常に重要な地域になっている。

コケインテリアを楽しむ

部屋の中でもコケを愛でたい。そんな向きは、自分でコケインテリアを作ってみてはどうだろうか。自宅付近に生育しているコケを採取し、軽石や陶磁器の鉢に移植しただけでも一山の趣がある立派なコケ鉢になる。

また、ガラスの容器やジャム瓶の中に幽玄な景色を再現すれば、保湿性が保たれるので管理が楽な上に、ストレスを和らげてくれる癒しのインテリアになる。

軽石を器に利用した作品。軽石はホームセンターなどで購入できる。柔らかいのでノミや彫刻刀などで簡単に加工できる。

複数の種類のコケを寄せ植えしたコケリウム（コケのアクアリウム）。リビングの窓辺やダイニングのテーブル、書斎やオフィスのデスクの上などに飾れば心が和む。

コケリウムの容器

園芸用語で、密閉されたガラス器や小口のガラス瓶などの中で数種類の小形の植物を栽培する方法をテラリウムという。コケリウムは、コケのテラリウムのことで、ガラス器や小瓶の中でコケ植物を育てることをいう。

容器は専用のガラスケースもあるが金魚鉢やキャンディポット、ジャム瓶などを利用してもかまわないし、中に入れるコケの量によって大きさや形、素材を選ぶといいだろう。植物の観賞と室内装飾の面から考えると、無色透明のものがいい。また、植え込み作業上、口の小さいものは扱いにくい。

容器内では一定の湿度が保たれているので、一般の鉢物のように毎日の灌水の必要はない。ただし、直射日光の当たる場所に置くと内部が高温になって枯死することがあるので、置き場所や採光には注意する必要がある。

赤玉土

関東ローム層の火山灰土の赤土から作られた用土。弱酸性で通気性、保湿性に富み、鉢植えに適している。

ケト土

河川や湿地に生える水辺植物が堆積し、炭化してできた土。粘性が強く、養分と繊維質を多く含んでいる。

富士砂

富士山の火山礫。排水性と保水性の均整がとれ、通気性もよく、ケト土に混ぜて使えば凝固を抑止できる。

コケリウムの用土

自然界では土はコケの茎葉を支え、周囲の湿度を保持するとともに、水がたまらないように排水する役割を担っている。これらの役割を再現するために、コケリウムで使用する用土は、ケト土、赤玉土、富士砂を混ぜ合わせたものを使用する。

ケト土は水辺植物が堆積し、腐敗したもので、粘着力が強く、排水性がない。赤玉土は関東ローム層の火山灰土から作られたもので、水はけと水もちが両立している。富士砂は富士山の火山礫で、排水性と保水性の均整がとれ、通気性もいい。

配合の比率はケト土6割、赤玉土3割、富士砂1割とし、水を加えてよく混ぜ合わせ、耳たぶくらいの柔らかさに仕上げる。

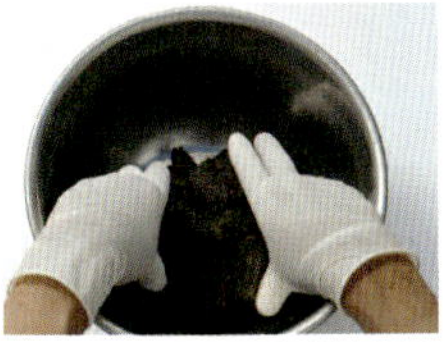

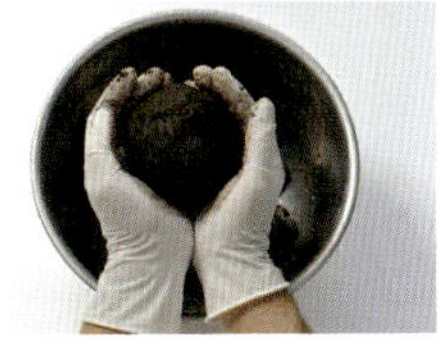

ケト土6、赤玉土3、富士砂1の割合で配合し、耳たぶの柔らかさに仕上げる。

コケリウムの作り方

1.容器の中に丸めた用土（P155参照）を入れる。

2.ヘラなどを使って、用土を平らにならす。

3.コケを用意して、植えつけていく順番を決める。まず、ホソバオキナゴケを植えつける。

4.盆景の構図のアクセントになるように溶岩を配置する。

5.用土に張りつけやすいように、ギンゴケの裏についた土を切り落とす。

6.ギンゴケを配置し、用土と密着するようにヘラで丁寧に押さえつける。

7.全体の構図を見ながら、適当な位置にコスギゴケをバランスよく植えつける。

8.マンネングサ（種子植物）、コウヤノマンネングサを植えつければ完成。

和名索引

INDEX

ア
アオシノブゴケ……106
アブラゴケ……139
アラハシラガゴケ……134

イ
イヌケゴケ……38
イワイトゴケ……36
イワダレゴケ……109

ウ
ウカミカマゴケ……86
ウキゴケ……51
ウツクシハネゴケ……142

エ
エゾスギゴケ……88
エゾチョウチンゴケ……92
エゾミズゼニゴケ……143

オ
オオウロコゴケ……141
オオギボウシゴケモドキ……107
オオサワラゴケ……145
オオシラガゴケ……134
オオフサゴケ……90
オオミズゴケ……131

カ
カギカモジゴケ……82
カタハマキゴケ……49

キ
キダチヒラゴケ……137
キヒシャクゴケ……94
キヨスミイトゴケ……115
キリシマゴケ……137
ギンゴケ……26

ク
クモノスゴケ……139
クロゴケ……86

ケ
ケゼニゴケ……37
ケチョウチンゴケ……135

コ
コクサゴケ……113
コセイタカスギゴケ……88
コチョウチンゴケ……135
コツボゴケ……48
コバノスナゴケ……85
コバノチョウチンゴケ……59
コフサゴケ……113
コマチゴケ……142
コムチゴケ……140

サ
サヤゴケ……34

シ
ジャゴケ……112

ス
スギバゴケ……138
スジチョウチンゴケ……92

セ
セイタカスギゴケ……87

タ
タカサゴサガリゴケ……145
タカネカモジゴケ……82
タチハイゴケ……90
ダチョウゴケ……85
タマゴケ……116
タマゴバムチゴケ……83

チ
チシマシッポゴケ……97
チヂミバコブゴケ……59
チャツボミゴケ……71
チャボヒシャクゴケ……141

ツ
ツクシナギゴケ……35

ト
トサノゼニゴケ……143
トヤマシノブゴケ……117

ナ
ナガエノスナゴケ……133
ナンブサナダゴケ……108

ハ
ハイゴケ……55
ハナシエボウシゴケ……108
ハマキゴケ……27
ハリガネゴケ……26

ヒ
ヒカリゴケ……95
ヒノキゴケ……136
ヒメシノブゴケ……140
ヒメハイゴケ……97
ヒメミズゴケ……96
ヒメミズゴケモドキ……144
ヒロハツヤゴケ……39
ヒロハヒノキゴケ……136

フ
フウリンゴケ……89
フォーリースギバゴケ……138
フジノマンネングサ……111
フトリュウビゴケ……110
フロウソウ……111

ホ
ホウオウゴケ……132
ホウライスギゴケ……131
ホソエヘチマゴケ……63
ホソバミズゴケ……96
ホンモンジゴケ……62

ミ
ミヤマクサゴケ……93
ミヤマチリメンゴケ……84

ム
ムツデチョウチンゴケ……91

ヤ
ヤクシマゴケ……147
ヤクシマタチゴケ……146
ヤクシマホウオウゴケ……132
ヤクシマミズゴケモドキ……144
ヤマトフデゴケ……133

ユ
ユミゴケ……114

ヨ
ヨシナガムチゴケ……83

【編集・執筆】

左古文男 さこ・ふみお

1960年高知県生まれ。文筆家、漫画家、編集者。近著に『坂本龍馬脱藩の道をゆく』『ゲゲゲの旅』（ともに学研パブリッシング）、『苔盆景入門』（日東書院）などのほか、『深夜食堂』の著者・安倍夜郎氏との共著で『四万十食堂』『オアシス食堂』（ともに双葉社）などがある。また、企画・編集作品として水木しげる氏の最後のインタビューをまとめた『ゲゲゲのゲーテ』（双葉新書）がある。

【監修】

樋口正信 ひぐち・まさのぶ

1955年埼玉県生まれ。広島大学大学院博士課程修了。理学博士。国立科学博物館植物研究部グループ長、東京大学大学院理学系研究科教授（併任）、絶滅危惧植物専門第二委員会委員長（日本植物分類学会）、専門は植物分類学。著書に『標本学』（共著、東海大学出版会）、『新しい植物分類学Ⅱ』（共著、講談社）、『コケのふしぎ』（サイエンス・アイ新書）などがある。

【撮影】

小島真也 こじま・しんや

1961年愛知県生まれ。写真家、撮影監督。赤坂スタジオを経て、篠山紀信氏に師事。1990年独立後は雑誌・広告を中心にポートレート、ドキュメンタリーから製品イメージ撮影まで幅広く活躍。2000年にデジタルフォト講師に、2011年からは構成演出、撮影&照明、編集&カラーグレーディングと一貫した映像ワークフローを構築。写真専門誌にて「音録講座」を連載中。

【取材協力】

小原比呂志 おばら・ひろし

1962年北海道生まれ。YNAC取締役営業部長・ガイドスタッフ。鹿児島大学在学中に屋久島の山を隈なく探査する。1993年、YNACを創立。1990～92年発行の国土地理院1/2.5万地形図屋久島区域の登山道の再調査・修正を担当。1993年、ギアナ高地ネブリナ峰にアマゾン側から登頂。以後、熱帯、亜熱帯の山や森を好んで歩く。著書に『秘境の山旅』（共著、白山書房）、『屋久島のコケガイド』（共著、屋久島環境文化財団）などがある。

木村日出資 きむら・ひでし

1942年東京生まれ。日本園芸協会盆栽士。1980年に盆栽士免許を取得。1990年頃から「苔盆」づくりを始め、現在までに手がけた作品数は3千点近くにのぼる。盆栽鉢に留まらず、流木や孟宗竹を器として使った作品に定評がある。近年は、ガラス瓶の中に幽玄な景色を再現した「コケリウム」もつくっている。定期的に苔盆教室を開催している。詳細はHPを参照。http://homepage1.d.dooo.jp/

[カバーデザイン]　藤井耕志、萩村美和(Re:D Co.)
[カバー写真]　小島真也
[本文デザイン・DTP]　落合ススム(オリゼー)
[本文イラスト]　左古文男

[協力]小原比呂志／木村日出資／笹岡咲伽／北八ヶ岳苔の会／財団法人 屋久島環境文化財団

[参考文献]『日本の野生植物 コケ』(平凡社)／『原色日本蘚苔類図鑑』(保育社)／『フィールド図鑑 コケ』解説・写真 井上浩(東海大学出版会)／『野外観察ハンドブック　校庭のコケ』中村俊彦・古木達郎・原田浩　共著(全国農村教育協会)／『生きもの好きの自然ガイド このは No.7 コケに誘われコケ入門』(文一総合出版)

大人の自由時間 *mini*

コケを見《み》に行《い》こう！

森《もり》の中《なか》にひっそり息《いき》づく緑《みどり》のじゅうたん

2016年11月1日　初版　第1刷発行
[著　者]　左古文男《さこふみお》
[監　修]　樋口正信《ひぐちまさのぶ》
[発行者]　片岡　巌
[発行所]　株式会社技術評論社
東京都新宿区市谷左内町21-13
電話　03-3513-6150：販売促進部
03-3267-2272：書籍編集部
[印刷／製本]　図書印刷株式会社

定価はカバーに表示してあります。

ISBN978-4-7741-8424-1 C0025
Printed in Japan